U0270124

数控机床安装与调试

主　编◎舒雨锋

副主编◎范四立　刘志伟　刘汉林

内容提要

本书介绍了数控机床的安装与调试，内容包括电气控制系统的安装与调试、进给系统的安装与调试、主轴系统的电气安装与调试、数控机床的调试与运行、刀架的电气安装与调试，附录介绍了相关规范及注意事项。本书可作为高职院校数控技术、电气自动化技术、机电一体化技术、机电安装工程等机电类专业的课程教材，也可作为相关工程技术人员培训和自修的参考书。

图书在版编目(CIP)数据

数控机床安装与调试／舒雨锋主编．—上海：上海交通大学出版社，2017(2020重印)
ISBN 978-7-313-16925-9

Ⅰ．①数…　Ⅱ．①舒…　Ⅲ．①数控机床—安装—高等职业教育—教材②数控机床—调试方法—高等职业教育—教材　Ⅳ．①TG659

中国版本图书馆CIP数据核字(2017)第074747号

数控机床安装与调试

主　　编：舒雨锋
出版发行：上海交通大学出版社　　地　　址：上海市番禺路951号
邮政编码：200030　　电　　话：021-64071208
印　　制：当纳利(上海)信息技术有限公司　　经　　销：全国新华书店
开　　本：787 mm×1092 mm　1/16　　印　　张：12
字　　数：246千字
版　　次：2017年9月第1版　　印　　次：2020年12月第4次印刷
书　　号：ISBN 978-7-313-16925-9
定　　价：48.00元

总　序

依据生产服务的真实流程设计教学空间和课程模块，通过真实案例和项目激发学习者在学习、探究和职业上的兴趣，最终促进教学流程和教学方法的改革，这种体现真实性的教学活动，已经成为现代职业教育专业课程体系改革的重点任务，也是高职教育适应经济社会发展、产业升级和技术进步的需要，更是现代职业教育体系自我完善的必然要求。

近年来，东莞职业技术学院深入贯彻国家和省市系列职业教育会议精神，持续推进教育教学改革，创新实践“政校行企协同，学产服用一体”人才培养模式，构建了“学产服用一体”的育人机制，将人才培养置于“政校行企”协同育人的开放系统中，贯穿于教学、生产、服务与应用四位一体的全过程，实现了政府、学校、行业、企业共同参与卓越技术技能人才培养，取得了较为显著的成效，尤其是在课程模式改革方面，形成了具有学校特色的课程改革模式，为学校人才培养模式改革提供了坚实的支撑。

学校的课程模式体现了两个特点：一是教学内容与生产、服务、应用的内容对接，即教学课程通过职业岗位的真实任务来实现，如生产任务、服务任务、应用任务等；二是教学过程与生产、服务、应用过程对接，即学生在真实或仿真的“产服用”典型任务中，也完成了教学任务，实现教学、生产、服务、应用的一体化。

本次出版的系列校本教材是“政校行企协同，学产服用一体”人才培养模式改革的一项重要成果，它打破了传统教材按学科知识体系编排的体例，根据职业岗位能力需求以模块化、项目化的结构来重新架构整个教材体系，较于传统教材主要有三个方面的创新：

一是彰显高职教育特色，具有创新性。教材以社会生活及职业活动过程为导向，以项目、任务为驱动，按项目或模块体例编排。每个项目或模块根据能力、素质训练和知识认知目标的需要，设计具有实操性和情境性的任务，体现了现代职业教育理念和先进的教学观。教材在理念上和体例上均有创新，对教师的“教”和学生的“学”，具有清晰的导向作用。

二是兼顾教材内容的稳定与更新，具有实践性。教材内容既注重传授成熟稳定的、在实践中广泛应用的技术和国家标准，也介绍新知识、新技术、新方法、新设备，并强化教学内容与职业资格考试内容的对接，使学生的知识储备能够适应社会生活和技术进步的需要。教材体现了理论与实践相结合，训练项目、训练素材及案例丰富，实践内容充足，尤其是实习实训教材具有很强的直观性和可操作性，对生产实践具有指导作用。

三是编著团队“双师”结合，具有针对性。教材编写团队均由校内专任教师与校外行业专家、企业能工巧匠组成，在知识、经验、能力和视野等方面可以起到互补促进作用，能较为精准地把握专业发展前沿、行业发展动向及教材内容取舍，具有较强的实用性和针对性，从而对教材编写的质量具有较稳定的保障。

东莞职业技术学院校本教材编委会

前言

数控机床的安装与调试涉及机械、电气、控制系统、伺服系统等领域的相关知识和技能。为适应当前专业的教学需要，我们结合数控维修实训室设备，同时联合东莞市巨岗机械有限公司、深圳市华亚数控机床有限公司的安装与维修实践经验，编写了此书。

本书主要介绍了广州数控系统GSK218，内容包括电气控制系统的安装与调试、进给系统的安装与调试、主轴系统的电气安装与调试、数控机床的调试与运行、刀架的电气安装与调试，附录部分介绍了数控机床安装调试安全操作规程、电气控制柜元件安装接线配线的规范、常用电工工具的使用及注意事项和机械零部件的安装调试注意事项。

本书可作为高等职业院校数控技术、电气自动化技术、机电一体化技术、机电安装工程等机电类专业的课程教材，也可作为相关工程技术人员培训和自修的参考书。

目 录

项目一　电气控制系统的安装与调试

数控机床是高精度和高生产率的自动化加工机床。数控铣床是目前使用较为广泛的数控机床，下图为某种数控机床。与普通机床相比，数控机床的机械部件和传动结构较为简单，但精度、抗震性和刚度要求较高，而且其传动和变速系统要便于实现自动化控制。

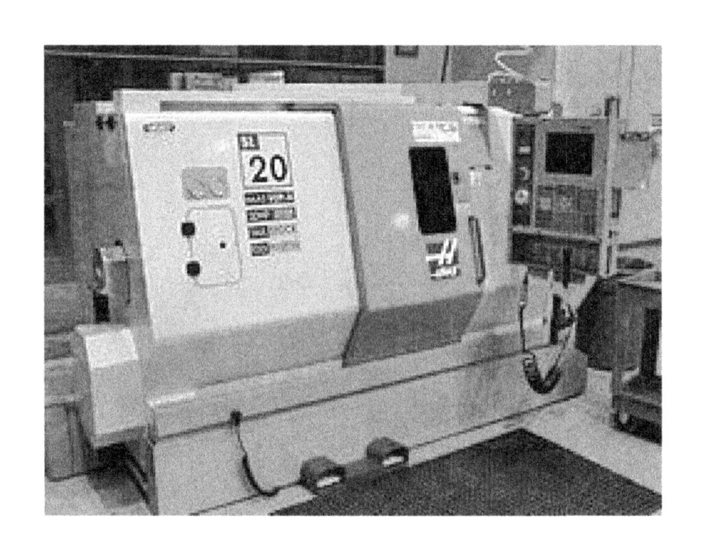

数控机床的高度自动化，是由其高度发展的电气控制系统实现的，其电气安装、调试与普通机床差别较大。

数控机床机械本体部分制造好之后，需安装电气控制系统，待电气控制系统安装完毕之后，再进行机电联调。熟悉并掌握数控机床的电气安装与调试方法，对于理解数控机床的控制原理以及对机床进行故障诊断与维修都很重要。数控机床的电气安装、调试是从事数控机床调试与安装工作人员的必备技能，本项目以 GSK218M 系统数控铣床为载体，主要学习数控机床的组成及数控系统的整体电气安装。

任务1 数控系统安装

任务导入

图1-1-1为GSK218M数控系统，它由哪些部分组成？各组成部分具有哪些功能？各部分接口是如何连接的？

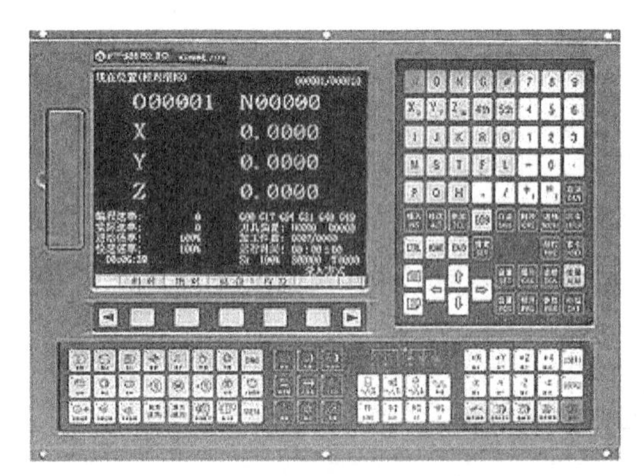
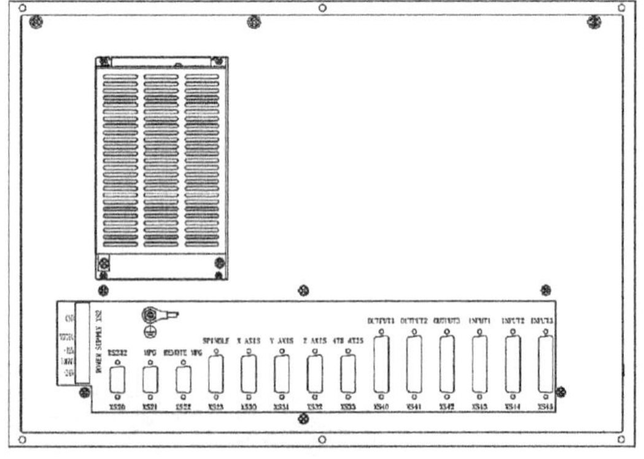

图1-1-1 GSK218M数控系统

任务目标

(1) 了解数控机床的组成及各部分的功能，掌握GSK218M数控系统的组成。

(2) 了解GSK218M数控系统的接口布局。

(3) 分辨各接口的接插件及各部分的连接关系。

(4) 正确焊接数控系统I/O信号线。

任务分析

要对数控机床进行安装，必须先知道数控机床的组成部分及各部分的功能。数控机床种类繁多，但不论是何种数控机床，都包括以下基本组成部分：数控系统、机床电气、机床本体。数控系统多种多样，但对于同一系统、同一用途、不同型号的数控机床来说，其电气安装布局大体相似。

本项目以GSK218M系统数控铣床为载体，本任务具体学习步骤为：掌握数控机床的组成及工作原理→掌握数控系统的组成→掌握接口布局及总体连接→能正确分辨各接口→会焊接数控系统I/O信号线，从而完成对GSK218M铣床数控系统布局等的总体认知，为实施后续数控机床各部分的电气装调任务打基础。

任务实施

一、相关知识

1. 数控机床的组成及工作原理

数控机床(Numerical Control Machine Tools, NCMT)是指采用数字控制技术对机床的加工过程进行自动控制的一类机床。数控机床由输入/输出(I/O)装置、数控装置、辅助控制装置、伺服系统、位置检测反馈系统、机床本体等组成,如图1-1-2所示。

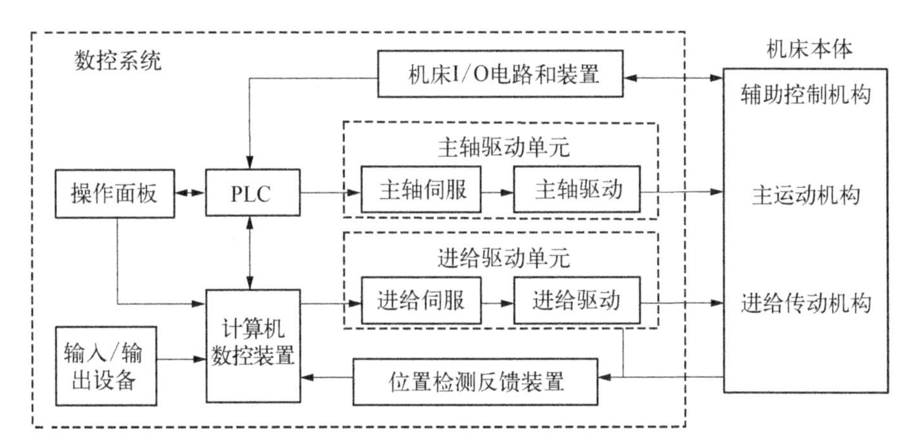

图1-1-2 数控机床的组成

1) 输入/输出装置

输入/输出设备用来完成数控加工程序的输入/输出、参数设定和状态显示等。编好的数控程序,一般存放在便于输入到数控装置的一种存储载体上,这种存储载体称为控制介质。控制介质又称为程序载体或信号载体。

输入装置传送数控加工程序并将其存入数控装置。现代数控机床常用软盘、移动存储器、硬盘作为存储介质。现代数控机床也可不用控制介质,对简单的数控加工程序,可用手动数据输入(Manual Data Input, MDI)方式直接通过数控装置上的MDI键盘输入和编辑;也可用通信方式将数控加工程序由编程计算机直接传送给数控装置。现代数控机床常采用通信的方式有以下三种:

(1) 串行通信,如通过RS-232、RS-422、RS-485等串口。

(2) 自动控制专用接口和规范,如DNC(Direct Numerical Control)方式、MAP(Manufacturing Automation Protocol)协议等。DNC称为分布式数控,即直接数控输入方式,也叫数控机床在线加工模式,即把零件程序保存在上级计算机中,数控系统一边加工,一边接收来自计算机的后续程序段。DNC方式多用于采用CAD/CAM软件设计的复杂工件并直接生成零件程序的情况。

(3) 网络技术(Internet、LAN等)。现代数控机床常用的输入/输出装置有:键盘、磁盘驱动器、USB接口、串行通信接口、DNC网络通信接口等。数控系统一般还配有CRT显示器或点阵式液晶显示器等输出设备,还可配置PC、打印机等外部输出设备。操作面板是操作人员与数控机床(系统)进行信息交流的工具,它是数控机床特有的一种输入/输出部件。

2) 数控装置

数控装置(Computer Numeriml Control, CNC)是数控机床的核心,是数控机床的运算和控制系统。输入装置送来的脉冲信号,经过数控装置进行编译、运算和逻辑处理,然后将各种信息指令输出给伺服系统,使设备各部分进行规定的有序的动作。数控装置组成及工作原理如图1-1-3所示。数控机床功能的强弱是由数控装置决定的。

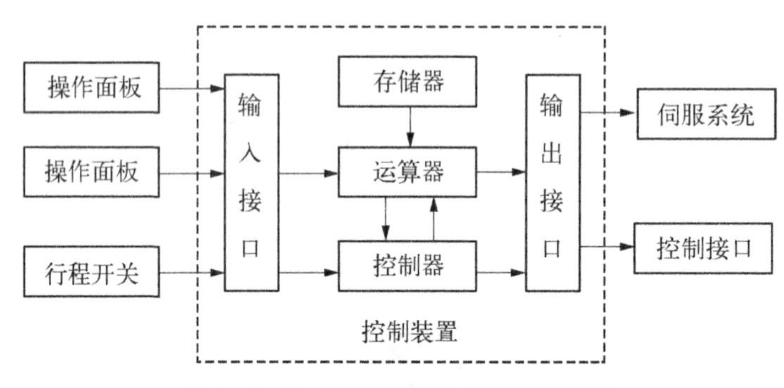

图1-1-3 数控装置组成及工作原理

3) 伺服系统

伺服系统把来自数控装置的脉冲信号经功率放大、整形处理后,转换成机床运动部件的机械位移(直线位移或角位移)。

伺服系统由伺服单元和驱动装置组成。伺服单元接收来自数控装置的微弱指令信号,并放大成控制驱动装置的大功率信号,伺服单元分为脉冲式和模拟式两类。驱动装置把经过放大的指令信号转变为机械运动,驱动装置有步进电动机、直流伺服电动机、交流伺服电动机等,当代数控机床大量选用交流伺服电动机和线性交流伺服电动机。

伺服系统分主轴伺服系统和进给伺服系统两类。

一个指令脉冲使机床执行部件所产生的相应位移量,称为脉冲当量,或最小设定单位。脉冲当量越小,加工精度越高。但即使数控装置发出的脉冲当量足够小,而伺服系统没有足够高的速度与精度去响应执行,加工精度还是无法提高,所以整个系统的精度与速度主要取决于伺服系统。从某种意义上说,数控机床性能的好坏主要取决于伺服系统。

4) 位置检测反馈装置

位置检测反馈装置将数控机床各运动部件的实际位移加以检测,转变为电信号后反馈给数控装置,反馈信号值与指令值进行比较后产生误差信号,以控制机床纠正误差。速度测量通常由集装于主轴和进给电动机中的检测装置(测速机)来完成,它将电动机实际转速匹配成电压值送回伺服驱动系统作为速度反馈信号，与指令值进行比较，从而实现速度的精确控制。

位置检测反馈装置常用的检测元件有：光电编码器（又称码盘）、感应同步器、旋转变压器、光栅、磁栅等。

按有无检测元件或按检测元件所安装的位置来分，伺服系统可分为开环伺服、半闭环伺服、闭环伺服。数控机床采用不同的控制方式，所需电气元件的性能要求和选用标准均有很大的不同。

(1) 开环控制数控机床。图 1-1-4(a)为典型的开环控制数控机床，这类机床不带位置检测反馈装置，典型的开环控制方式是步进电动机驱动式。其结构简单、工作稳定、

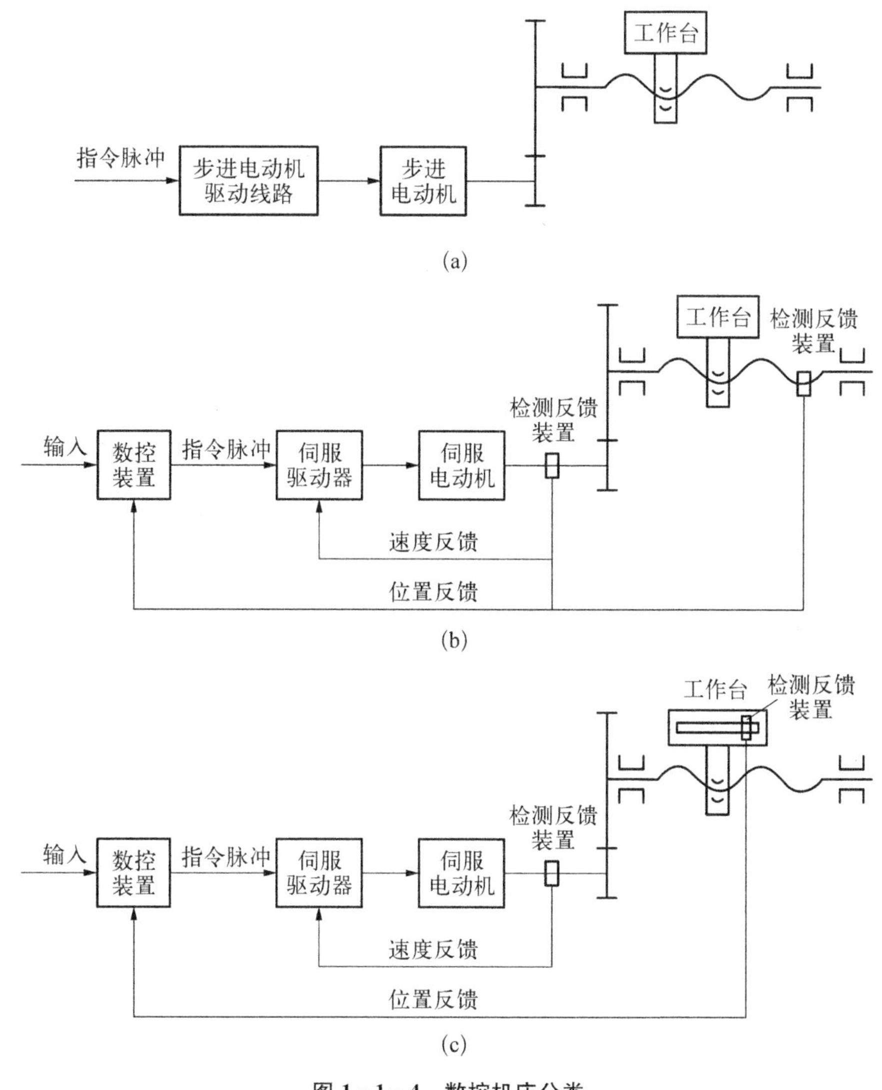

图 1-1-4 数控机床分类

(a) 步进电动机开环控制机床 (b) 半闭环控制数控机床 (c) 闭环控制数控机床

调试方便、维修简单、成本低，但精度不高，一般应用于经济型数控机床。

(2) 半闭环控制数控机床。图 1-1-4(b)为典型的半闭环控制数控机床，其位置检测反馈装置装在伺服电动机轴上或装在丝杠的端部，因此，机械传动误差没有得到纠正。但其稳定性好(由于丝杠、工作台等惯性较大的运动部件不在控制环内)、成本较低、调试维修较方便，故应用较为广泛。

图中的速度反馈通常由集装于主轴和进给电动机中的检测反馈装置(测速机)来完成，它将电动机实际转速匹配成电压值送回伺服驱动系统作为反馈信号，与指令值进行比较，从而实现速度的精确控制。

(3) 闭环控制数控机床。图 1-1-4(c)为典型的闭环控制数控机床，其位置检测反馈装置安装在机床工作台上。其精度高，结构复杂，调试和维修复杂，成本高，主要用在精度要求很高的场合。

5) 辅助控制装置

数控装置与可编程逻辑控制器(Programmable Logic Controller, PLC)协调配合，共同完成对数控机床的控制。其中 CNC 主要完成数字控制，即与数字运算和管理等有关的功能，如零件程序的编辑、插补运算、译码、位置伺服控制等。PLC 主要完成顺序控制，即与逻辑运算有关的一些动作，现代数控机床常用 PLC 与机床 I/O 电路和装置(由继电器、电磁阀、行程开关、接触器等组成的逻辑电路)构成辅助控制装置，共同完成以下任务。

(1) 接受 CNC 装置输出的 M(辅助功能)、S(主轴功能)、T(刀具功能)控制代码，并对其进行译码，转换成对应的控制信号。一方面，它控制主轴单元实现主轴转速控制；另一方面，它控制辅助装置完成机床相应的开关动作，如卡盘夹紧松开(工件的装夹)、刀具的自动更换、切削液的开关、机械手取送刀、主轴正反转和停止、主轴准停等动作。

(2) 接受机床控制面板(循环启动、进给保持、手动进给等)和机床侧(行程开关、压力开关、温控开关等)的 I/O 信号，一部分信号直接控制机床的动作，另一部分信号送往 CNC 装置，经其处理后，输出指令控制 CNC 系统的工作状态和机床的动作。

6) 机床本体

机床本体是数控机床的主体，它包括主运动部件、进给部件、基础支撑件(床身、立柱等)、冷却、润滑等辅助装置。

图 1-1-5 表示了数控装置、PLC、机床之间的控制关系。

2. 数控机床电气控制系统

1) 数控机床电气控制系统的组成

数控机床电气控制系统由数控系统和强电两大部分组成，数控系统包括数控装置、输入/输出接口、驱动单元和机构；强电部分包括可编程控制单元、主轴控制单元及主轴电动机、供电回路及机床电气系统、速度控制单元及进给电动机等。各部分的作用在上文中已经讲述，这里不再赘述。

电气控制电路一般由主电路、控制电路与接口电路等部分组成，主电路实现电能分

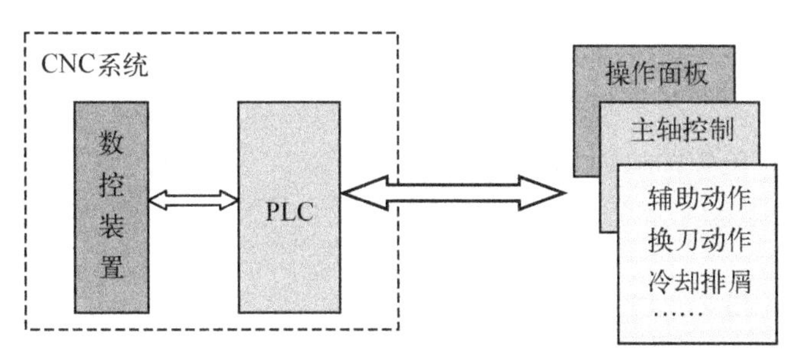

图 1-1-5 数控装置、PLC、机床之间的关系

配、短路保护、欠压保护、过载保护等功能，控制电路实现对机床液压、冷却、润滑、照明等的控制，接口电路完成信号的变换与连接。

2）电气接线的关键技术

在数控机床的电气装调过程中，应处理好系统的布线、屏蔽和接地等问题，为数控机床的可靠、安全运行打下基础。电气接线时要注意如下事项。

（1）注意数控系统信号线的分类和接地。在GSK218M数控系统的连接说明书中，对数控系统所使用的电缆进行了分类，即A、B、C三类。A类电缆是用于交流/直流动力源的电缆，电压一般为380 V/220 V，接触器信号和电动机的动力电缆会对外界产生较强的电磁干扰，特别是电动机的动力线对外界干扰很大，因此，A类电缆是数控系统中较强的干扰源。B类电缆用于继电器以24 V电压信号为主的开关信号的电缆，这种信号因为电压较A类信号低，电流也较小，一般比A类信号干扰小。C类电缆电源工作负载是5 V，主要信号线有显示电缆、I/O-Link电缆、手轮电缆、主轴编码器电缆和电动机的反馈电缆。因为C类信号在5 V的逻辑电平下工作，并且工作的频率较高，极易受到干扰，在机床布线时要特别注意采取相应的屏蔽措施。

对于强电柜和引出的各种电缆，应该尽量避免将A、B、C三种电缆混装于一个导线管内。如实现有困难，至少也应将B、C类电缆通过屏蔽板与A类电缆隔开。

（2）注意浪涌吸收器的使用。为了防止来自电网的干扰，对异常输入起到保护作用，电源的输入应该设有保护措施，通常使用浪涌吸收器。浪涌吸收器除了能够吸收输入交流的噪声信号以外，还可以起到保护的作用。

（3）注意伺服放大器和电动机反馈线的地线处理。伺服放大器和伺服电动机之间的反馈电缆会造成系统与伺服之间的信号干扰，极易造成伺服和编码器的相关报警。所以，放大器和电动机之间的接地处理非常重要。根据动力线与反馈线分开的原则，动力线和反馈线应使用两个接地端子板。

（4）注意导线捆扎处理。在配线过程中，通常将各类导线捆扎成圆形线束，线束的捆扎线节间距离应力求均匀，线束超过30根导线时，允许加一根备用导线并在两端进行标记。标记采用回插的方式，以防止脱落。线束在跨越活动门时，每束不应超过30根；超过30根时，应再分离一束线束。

(5) 行线槽的安装与导线在行线槽的布置。电气元件应与行线槽统一布局，合理安装，整体构思，与元器件“横平竖直”要求相对应。行线的布置原则是每行元器件的上下都安放行线槽，整体配电板两边加装行线槽。

3. GSK218M 数控系统的组成

1) 数控系统配置

GSK218M 数控系统是新一代的普及型铣床数控系统，该数控装置集成了进给轴接口、主轴接口、手持单元接口、内置式 PLC 于一体，I/O 接口可扩展选配功能；数控装置内部已提供标准车床控制的 PLC 程序，梯形图可编辑、上传、下载，用户也可自行编制 PLC 程序；支持 CNC 与计算机(PC)、CNC 与 CNC 间双向通信，系统软件、PLC 程序可通信升级。GSK218M 车床数控系统(配变频主轴时)参考配置如图 1-1-6 所示。

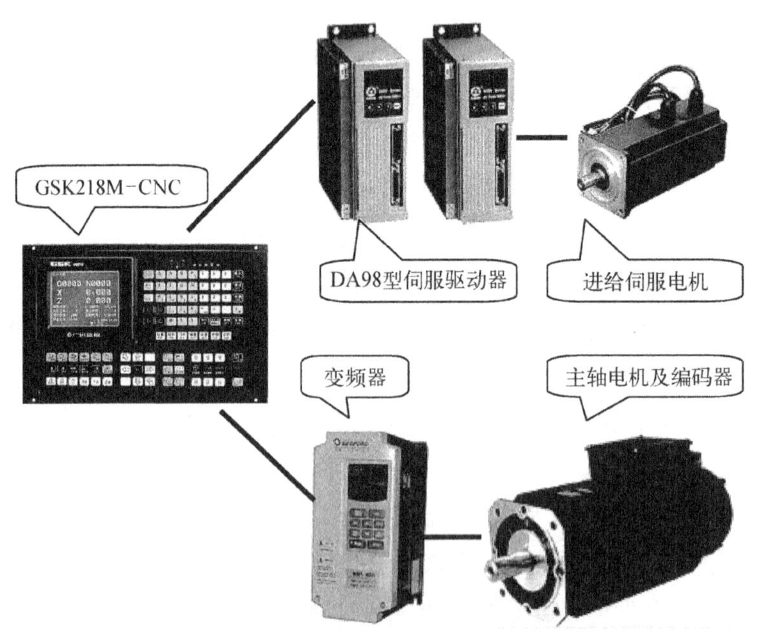

图 1-1-6 GSK218M 数控系统参考配置

2) 各部分的连接关系

配置变频主轴的 GSK218M 数控系统，各部分的连接关系框如图 1-1-7 所示。

二、准备工作

GSK218M 系统数控车床与 GSK218M 系统数控实训台若干台，扳手、旋具等工具一套，电子线路焊接工具一套。

三、实施步骤

1. 了解数控机床各组成部分及其作用

根据具体数控机床的情况，参照图 1-1-1 和图 1-1-2，了解数控机床的组成及其作用。

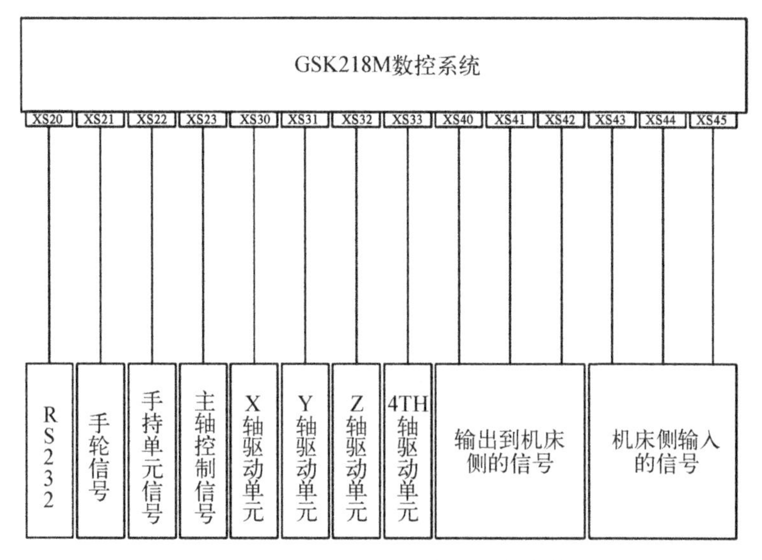

图 1－1－7　GSK218M 数控系统连接

2. 认识 GSK218M 车床数控系统接口布局及总体电气连接

拆开机床后盖，感性认识 GSK218M 车床数控系统接口布局，认清各个信号线的来源和去向。接口布局及总体电气连接如图 1－1－8 所示。

3. 接口辨认

（1）接口名称、功能。对照数控机床，辨认各接口。各接口名称及功能如表 1－1－1 所示。

表 1－1－1　接口名称及功能

名　称	形　　式	用　　途	备　　注
XS2		电源接口	
XS21	9 芯 D 型针插座	内置手轮接口	
XS22	9 芯 D 型针插座	外置手轮接口	
XS23	15 芯 D 型针插座	连接主轴编码器接口	
XS30	15 芯 D 型孔插座	连接 *X* 轴驱动器接口	
XS31	15 芯 D 型孔插座	连接 *Y* 轴驱动器接口	
XS32	15 芯 D 型孔插座	连接 *Z* 轴驱动器接口	
XS33	15 芯 D 型孔插座	连接第 4 轴驱动器接口	
XS40	25 芯 D 型孔插座	输出 1，CNC 接收机床信号的接口	
XS41	25 芯 D 型孔插座	输出 2，扩展输入信号的接口	
XS42	25 芯 D 型孔插座	输出 3，扩展输出信号的接口	
XS43	25 芯 D 型针插座	输入 1，CNC 接收机床信号的接口	
XS44	25 芯 D 型针插座	输入 2，扩展输入信号的接口	
XS45	25 芯 D 型针插座	输入 3，扩展输出信号的接口	

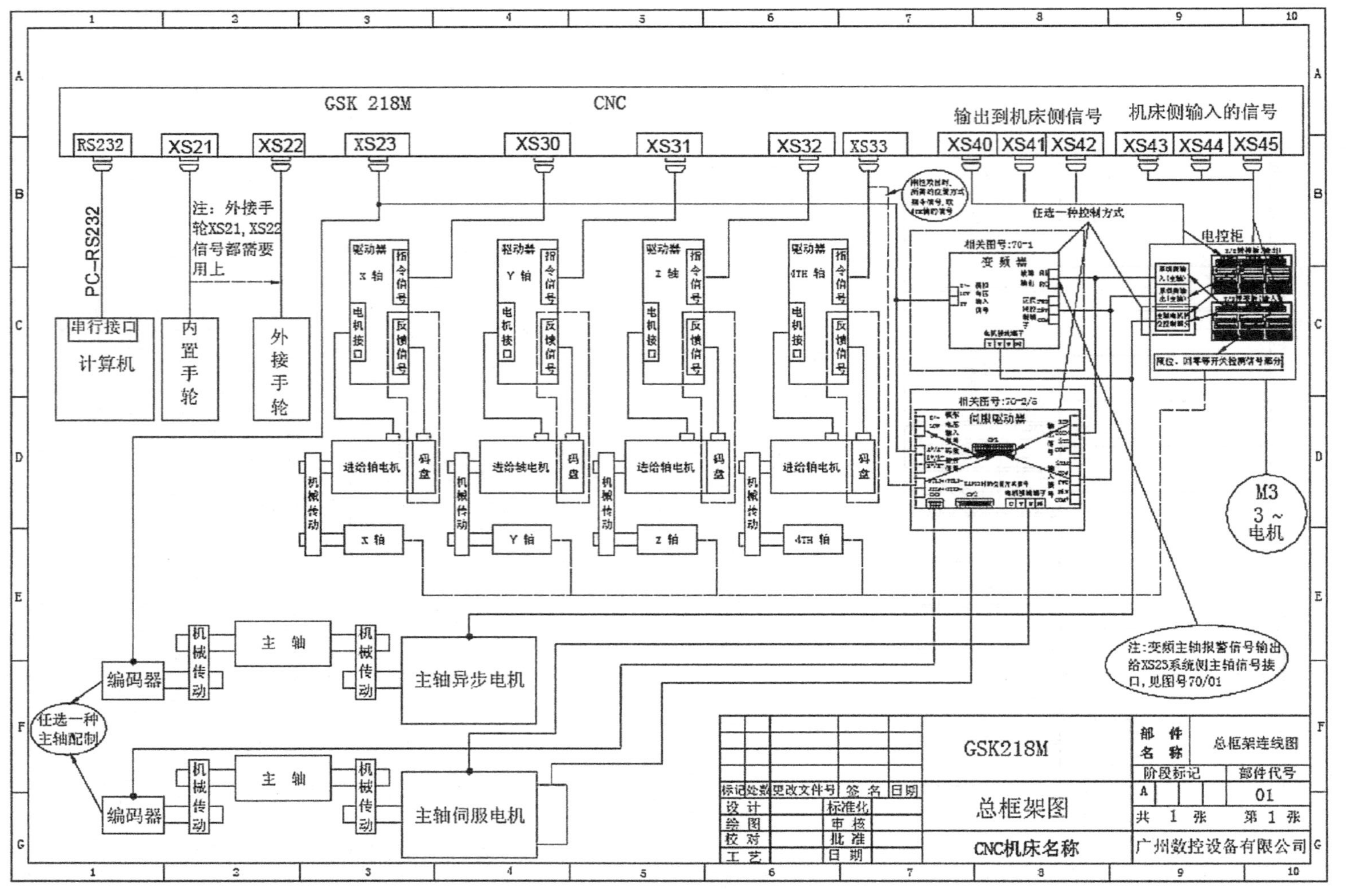

图 1-1-8 GSK218M 后盖接口布局及总体电气连接

(2) 电源接口连接。GSK218M 系统采用 GSK－PB 型电源盒，共有四组电压：＋5 V(3 A)、＋12 V(1 A)、－12 V(0.5 A)、＋24 V(0.5 A)，共用公共端 COM(OV)。GSK－PB 型电源盒到 GSK218M XS2 接口的连接在出厂时已完成，用户只需要连接 220 V 交流电源。GSK－PB 型电源盒到 GSK218M X2 接口的连接如图 1－1－9 所示。

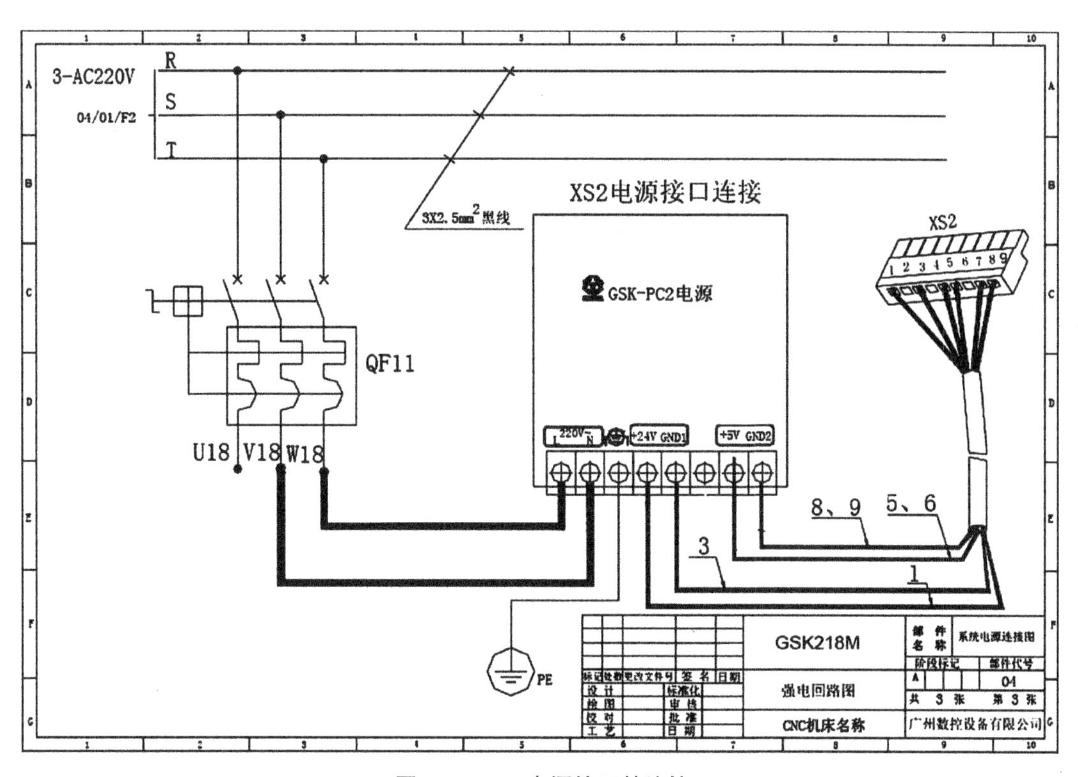

图 1－1－9 电源接口的连接

4. 数控系统 I/O 信号线焊接

以 CNC 与 DA98D 驱动器的连接电缆制作为例，说明信号线焊接过程，按照焊接过程，练习信号线的焊接。

(1) 准备 DB44、DB15 插头各一个，10 芯电缆若干米。

(2) 焊接。

一、准备工作		
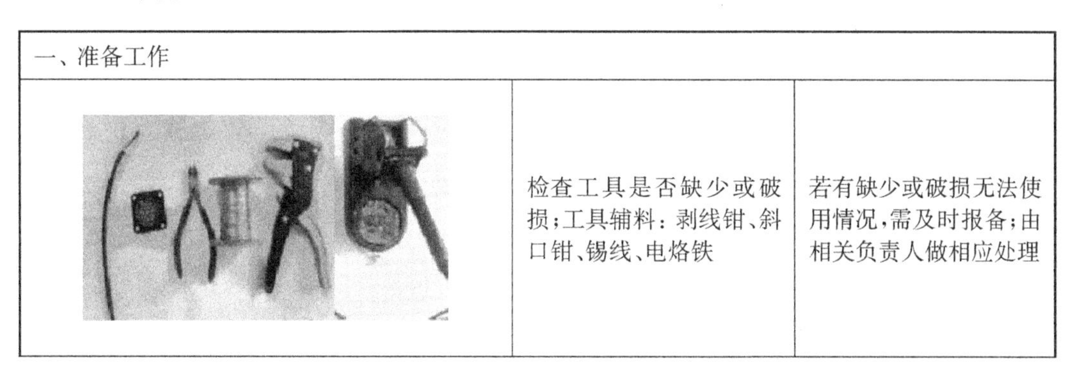	检查工具是否缺少或破损；工具辅料：剥线钳、斜口钳、锡线、电烙铁	若有缺少或破损无法使用情况，需及时报备；由相关负责人做相应处理

(续表)

二、操作步骤		
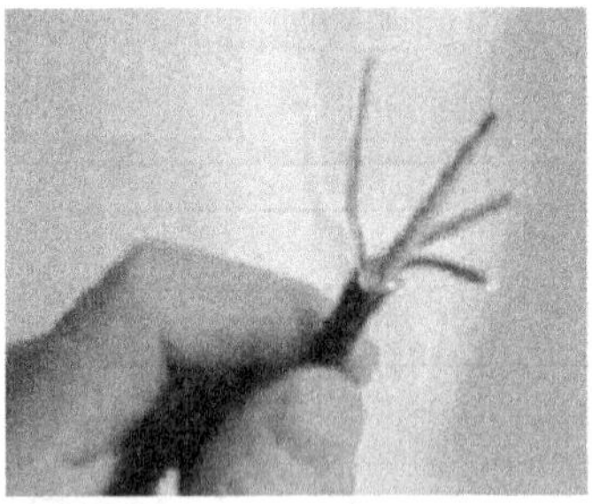	1. 剥电缆绝缘层外皮	根据实际操作需要剥取电缆线，且必须最大限度少剥绝缘层，不破坏屏蔽层
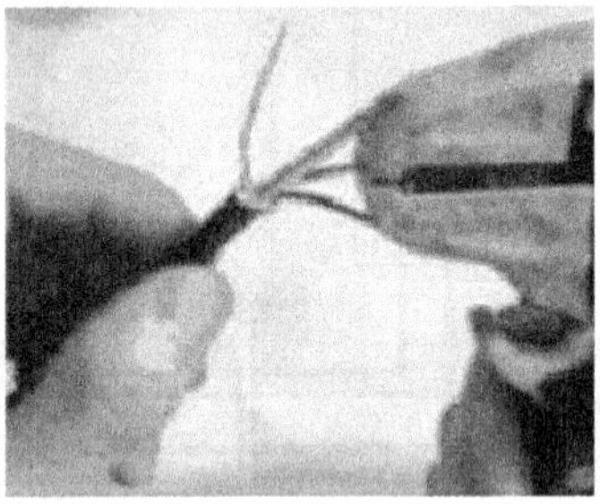	2. 剥线(使用专业工具)	在剥线操作时应注意力度及剥线长度，不允许切断铜线芯，剥除绝缘层不宜过长
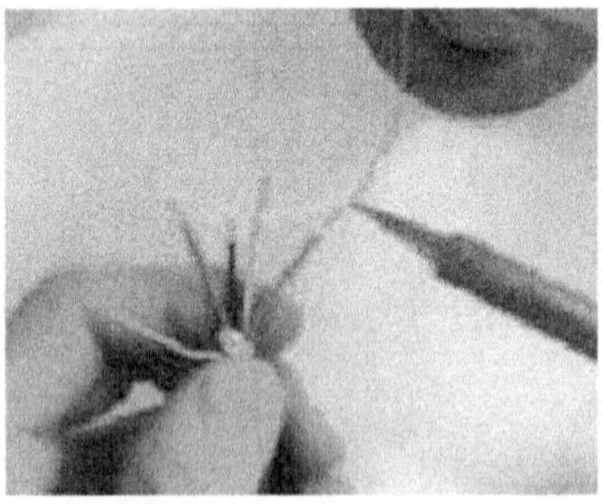	3. 上锡	每根剥除绝缘层电线必须完全上锡
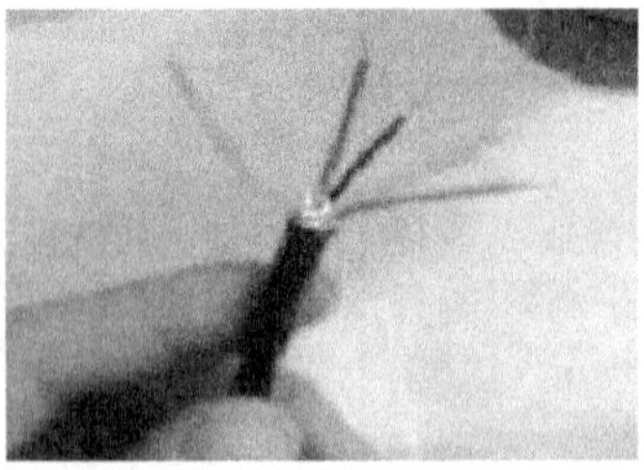	4. 上锡完成	必须覆盖所有裸露铜线，防止氧化

（续表）

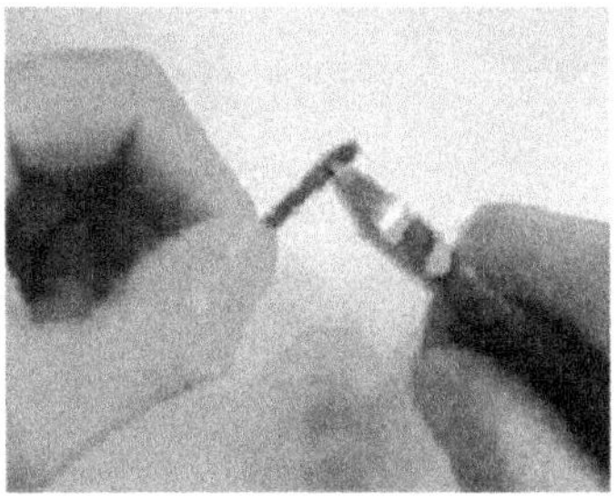	5. 剪取热缩管	剪取热缩管时，要求断面平整，不允许出现斜面或锯齿状截面
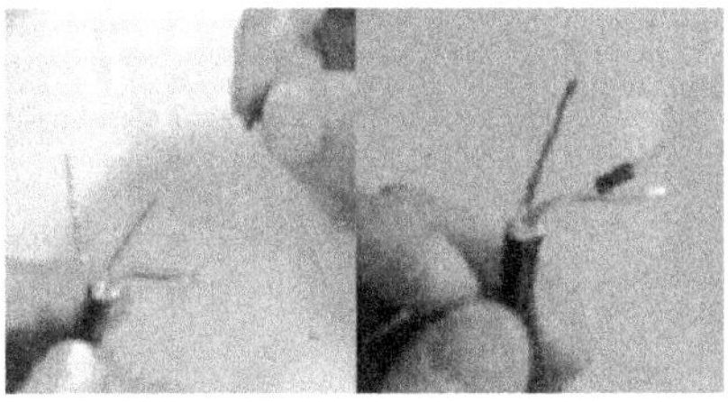	6. 套接热缩管	根据实际需要剪取对应型号、长度热缩管
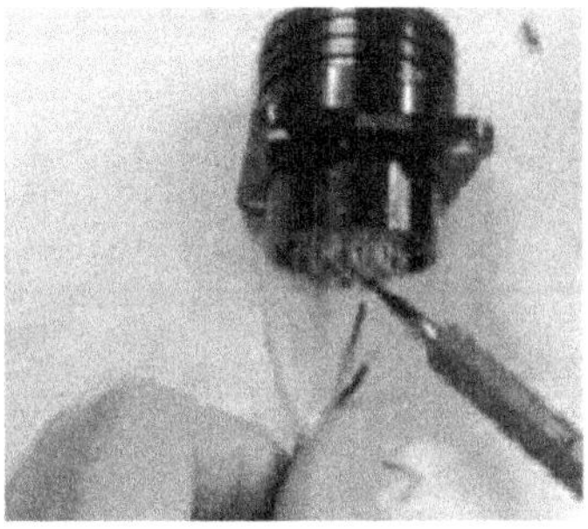	7. 焊接（依据图纸要求焊接）	焊接时：① 电烙铁与焊接点接触时间不允许超过 10 秒；② 焊接面必须光洁平滑；③ 温度不宜过高；④ 焊接部位必须充分接触
	8. 自检	该步骤可在每根线焊完后进行：① 检查各焊接点是否牢固，是否虚焊；② 焊点是否过大，是否影响相邻针脚

（续表）

	9. 缩紧热缩管	将热缩管调整至合适位置，热风枪温度不高于150℃
	10. 完成焊接	检查每个针脚所焊线与图纸要求一致，热缩管完全包裹住裸露导体，外观美观整洁；屏蔽线必须依据图纸要求焊接或焊接至外壳

（3）接线检查。检查连接关系是否正确。

5. 数控系统的安装

序号	作业流程	注意事项	工量具
1	把法兰固定座从吊臂上拆卸下来	法兰固定座上的两件无头螺钉无需取下；若法兰固定座有锈迹等问题，应先作除锈等处理后再进行下一步工作	内六角扳手
2	按如图1所示完成		
3	按如图2所示①②顺序完成		
4	在如图2所示基础上用法兰盖把法兰连接件套住，对准法兰固定座螺纹孔，再用4-M6×15的内六角螺钉锁紧，如图3所示	按图1要求，其主要是防止无头螺钉与法兰固定座内表面干涉，故当无头螺钉最上截面与W面对平时，再旋进一圈螺纹牙即可；不允许低于0.5 mm	

（续表）

序号	作　业　流　程	注　意　事　项	工量具
5	按如图 4 所示完成后；如图 5 所示，向顺时针方向转动法兰连接件至不能转动时，①螺纹孔的中心到调节手柄轴心的距离为 L；再向逆时针方向转动法兰连接件至不能转动时，假设④螺纹孔的中心到调节手柄轴心的距离也为 L，即调节手柄当前拧入法兰固定座的位置正确。也可说当 L 距离大于12 mm或不相等时，应先重新调整调节手柄与法兰连接件无头螺钉的位置关系，确保法兰连接件所处的位置正确	调节手柄不能拧得太紧，否则影响法兰连接件转动的顺畅性	
W　将3-M6×12无头螺钉分别拧入法兰连接件螺纹孔，要求无头螺钉最上截面应低于法兰连接件外表面W约0.1 mm　图1 360°旋转法兰连接件，转动正常，应无干涉等异常现象　②　360°　①　如图将法兰连接件放入法兰固定座　图2 图3 调节手柄拧入法兰固定座的螺纹孔，直至挡住法兰连接件的无头螺钉，但不能卡住法兰连接件　图4 L约等于12 mm　L　②　①　③　④　如上图分别给法兰连接件上截面的螺纹孔①②③④的标号　图5			
6	将法兰固定座组装件放置数控系统上端安装位置（见图 6），再按图 6 所示完成		十字螺丝
7	如图 7 所示，在数控系统下端位置①将电子手轮 25 芯插座拆下来；将电子手轮 25 芯插头②拆掉，并将其拉出数控系统，然后穿过系统支撑座孔，再经①位置的孔进入数控系统，最后将该 25 芯插头装好恢复原状。紧接着将系统支撑座与数控系统用 2－M6×12 内六角螺钉锁紧固定，再按如图 8 所示完成	如图 6 所示的 N 向图安装孔位与法兰固定座的安装位置对准后，应确保调节手柄的放置方向，如图 6 所示	卷尺
8	系统吊臂定安装位置：右顶封前后边，分别距前后封板 130 mm 处，再分别取前封板顶面居中位置，后封板顶面居中位置，按孔距为 80 mm 定位后钻 4－$\phi 6$ 通孔		

（续表）

<table>
<tr><th>序号</th><th>作 业 流 程</th><th>注 意 事 项</th><th>工 量 具</th></tr>
<tr><td>9</td><td>按如图 9 所示完成</td><td></td><td></td></tr>
<tr><td colspan="4"> 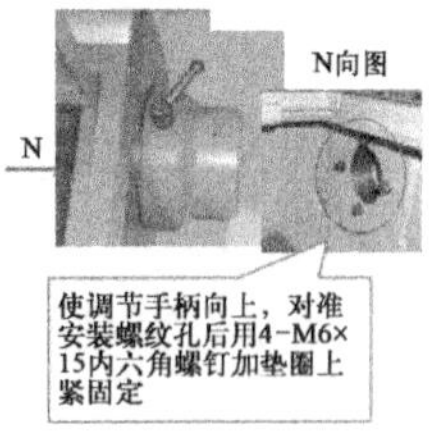N向图
N
使调节手柄向上，对准安装螺纹孔后用4-M6×15内六角螺钉加垫圈上紧固定
图6
①
图7
系统支撑座与数控系统固定后，再将电子手轮25芯插座固定于系统支撑座上
图8
Y 240 mm Z
② ① ③ ④ ①
先将两件固定支架①分别与前后封板用4-M6×25内六角螺钉半固定后，再将系统吊臂③放置于①上，用固定环②分别对准固定支架的内六角螺钉，紧接着上几圈螺钉，再调整③前后距离如上图，以固定环的右边Y为基准，到弯角管④左边Z的距离为240 mm，确认好距离后上紧固定支架的4-M6×25 mm内六角螺钉
图9</td></tr>
<tr><td>10</td><td>按如图 10 所示完成</td><td></td><td></td></tr>
<tr><td>11</td><td>将系统支撑架与前右封板定位后，钻 ϕ5.2 通孔后、攻 M6 牙，再用 2-M6×25 半圆头内六角螺钉锁紧（半圆头内六角螺钉一端位于前右封板内侧面）将系统支撑架固定；再用4-M6×12 内六角螺钉将系统支撑架与系统支撑座锁紧固定；最后将手轮挂钩固定于系统支撑架上[见图 11(a)]；将电子手轮与数控系统连接后挂于手轮挂钩上[见图 11(b)]</td><td>2-M6×25 螺钉只允许使用沉头的或半圆头的，防止与机床前门发生干涉</td><td>电钻
丝攻
内六角扳手
十字螺丝批
一字螺丝批
剥线钳</td></tr>
<tr><td>12</td><td>数控系统接线：按如图 12 所示完成后，紧接着将标有 P24A、P24B 线码的电线接入急停开关的常闭端子上；将标有 K80 及 K81 线码的电源线对应接入雷击浪涌吸收器的 IN 端；所有系统 PE 线接地</td><td>另一端与电柜接线请参照《电气图》；系统内接线完成后应将系统内的线用扎带扎好，整齐有序、美观</td><td></td></tr>
<tr><td>13</td><td>与电柜的连接，请参照《数控底板接线说明》</td><td></td><td></td></tr>
<tr><td colspan="4"> 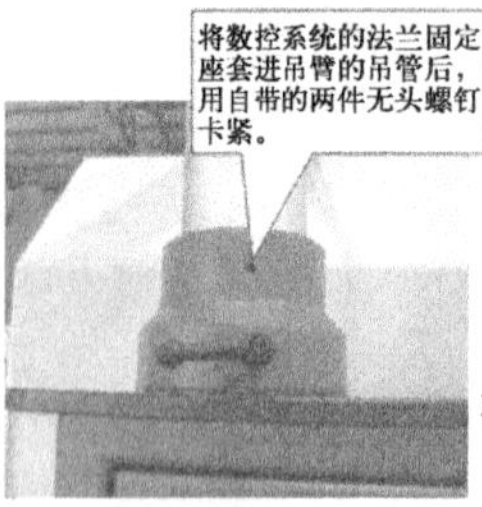将数控系统的法兰固定座套进吊臂的吊管后，用自带的两件无头螺钉卡紧。
图10
Y
电子手轮
Y向图
用2-M5×12螺丝加垫圈锁紧手轮挂钩
(a) (b)
图11
分别将标有ML14、ML10线码的插头及电子手轮插头插入系统RS232、ARM-DSP COM及HANDLE PLUSE插座，并锁紧插头螺丝
将雷击浪涌吸收器OUT端出线的插头插入系统INPUT处插口
图12</td></tr>
</table>

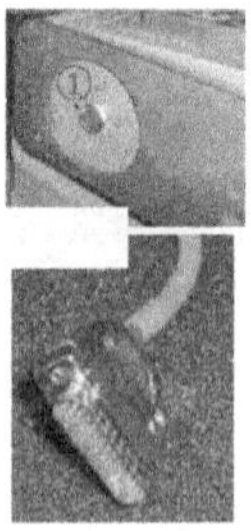

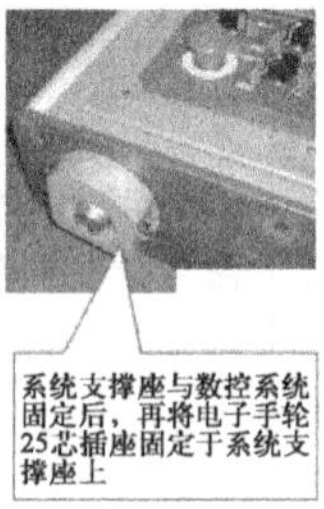

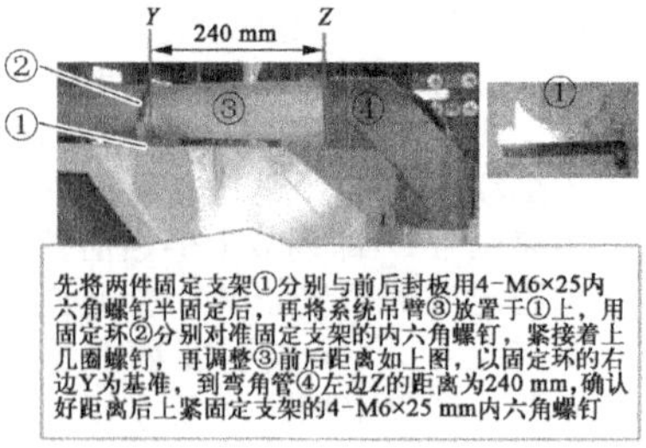

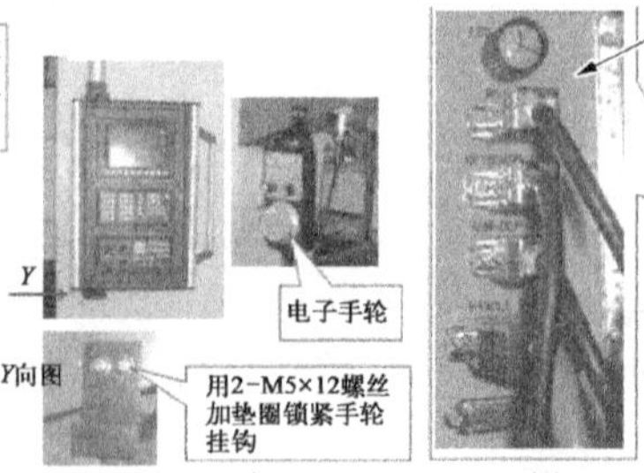

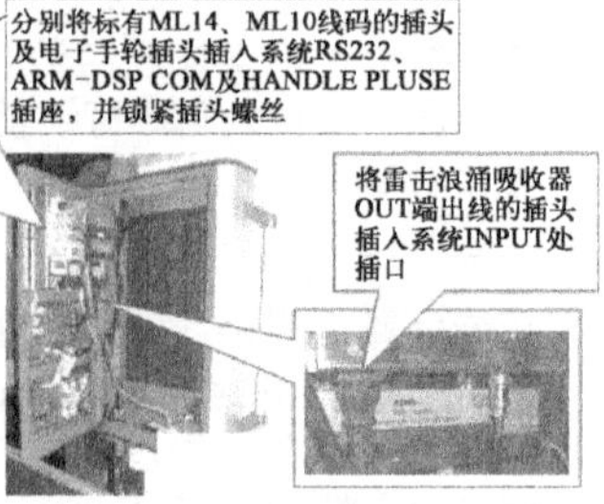

四、评分标准

序号	项目及技术要求	配分	评 分 标 准	检测结果	得分
1	准备工具	5	工具准备不合理，扣 5 分		
2	列举数控机床的主要组成部件，并简述其作用	10	每错一项，扣 5 分		
3	列举 GSK218M 的系统配置	5	每漏一项，扣 3 分		
4	正确分辨 GSK218M 系统各接口	25	每分辨错一处，扣 2 分		
5	画出 GSK218M 连接框图，认清各个信号线的来源和去向连接关系	25	每错一处，扣 2 分		
6	正确使用工具，焊接 I/O 信号线	20	质量不合格，不得分		
7	安全文明操作	10	酌情扣分		

任务 2　数控机床强电安装

任务导入

数控机床的电气控制原理是怎样的？实际电气怎么接线？通过本任务的学习，进一步深入学习相关知识。

任务目标

(1) 熟悉数控机床电气原理图，了解数控机床原理。

(2) 掌握数控机床主要电子元件的功能。

(3) 能够正确识别数控机床电路，并能使用工具对电路进行检测。

任务分析

电源及保护电路由数控机床强电线路中的电源控制电路构成，强电线路由电源变压器、控制变压器、各种断路器、保护开关、接触器及熔断器等连接而成，以便为辅助交流电动机（如冷却泵电动机、润滑泵电动机等）、电磁铁、离合器及电磁阀等功率执行元件供电。

强电线路不能与在低压下工作的控制电路直接连接，只有通过断路器、中间继电器等元件，转换成在直流低电压下工作的触点开关动作，才能成为继电器逻辑电路和 PLC 可接收的电信号，反之亦然。

因此，本任务具体学习步骤为：了解机床常用低压电气→熟悉电气安装规程→分析数控机床电气原理图→分析学习电气接线图→练习接线布线。

任务实施

一、相关知识

数控机床常用低压电器有开关电器、主令电器、交流接触器和继电器等。

1. 开关电器

1）组合开关

组合开关又称转换开关，实质上也是一种刀开关，主要用作电源的引入开关。与普通刀开关不同的是，组合开关的刀片是旋转式的，比普通刀开关轻巧，是一种多触点、多位置、可控制多个回路的电器。

（1）组合开关的结构组成和工作原理：

组合开关由动触点、静触点、转轴、手柄、定位机构及外壳等部分组成。根据动触片和静触片的不同组合，组合开关有多种接线方式，其结构及外形如图 1-2-1 所示。

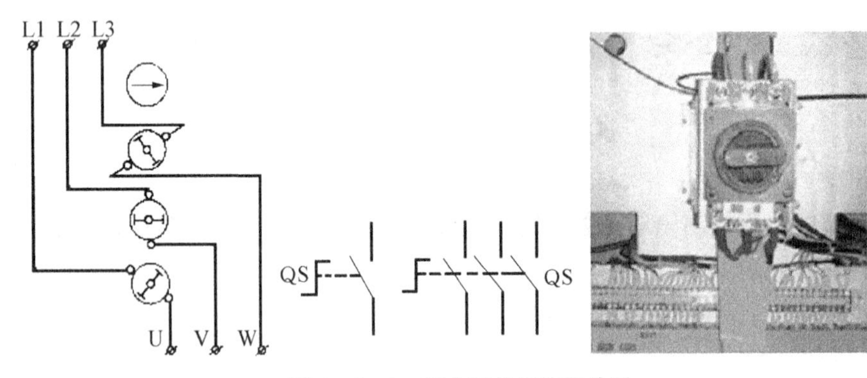

图 1-2-1 组合开关结构及外形

（2）组合开关的主要技术参数：

组合开关的主要技术参数有额定电压、额定电流、极数等。组合开关一般有单极、双极和三极。

2）低压断路器

低压断路器又称自动空气开关，它用于正常工作时不频繁接通和断开的电路，当电路发生过载、短路或失压等故障时，能自动切断电路，有效地保护串接在后面的电气设备。因此，低压断路器在机床上使用得越来越广泛。机床上常用的低压断路器有 DZ10、DZ5-

20 和 DZ5－50 系列。

(1) 低压断路器的结构组成和工作原理：

低压断路器主要由触点系统、操作机构和脱扣器等部分组成。图 1－2－2 为低压断路器的结构。开关的主触头是靠操作机构手动或电动合闸的，并由自动脱扣机构将主触头锁在合闸位置上。如果电路发生故障，自由脱扣机构在有关脱扣器的推动下动作，使钩子脱开。于是主触头在弹簧作用下迅速分断。

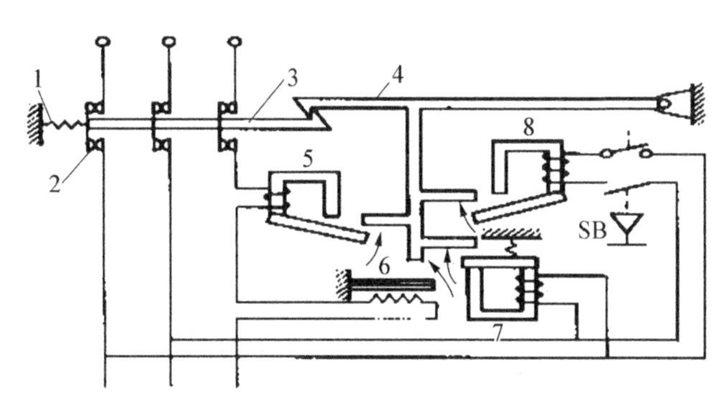

图 1－2－2　低压断路器的结构

过流脱扣器 5 的线圈和热脱扣器 6 的热元件与主电路串联，欠压脱扣器 7 的线圈与电路并联。当电路发生短路或严重过载时，过流脱扣器的衔铁被吸合，使自由脱扣机构 4 动作。当电路过载时，热脱扣器的热元件产生的热量增加，使双金属片向上弯曲，推动自由脱扣机构动作。当电路电压过低时，欠压脱扣器 7 的衔铁释放，也使自由脱扣机构动作。

(2) 低压断路器的主要技术参数和电气符号：

① 额定电压。低压断路器额定电压包括额定工作电压、额定绝缘电压和额定脉冲电压。

② 额定电流。断路器额定电流指额定持续电流，即脱扣器能长期通过的电流。

③ 通断能力。通断能力也称作额定短路通断能力，指断路器在给定电压下接通和断开的最大电流值。

④ 分断能力。分断能力指切断故障电流所需要的时间，包括固有的断开时间和燃弧时间。

低压断路器型号繁多、品种复杂，按其用途和结构形式分为框架式和塑壳式两大类。低压断路器的图形符号和文字符号如图 1－2－3 所示。

2. 主令电器

自动控制系统中用于发送控制指令的电器称为主令电器。常用的主令电器有按钮开关、行程开关和接近开关等。

1) 按钮开关

按钮开关通常用作短时接通或断开小电流控制电路的开关，通常用于控制电路中发

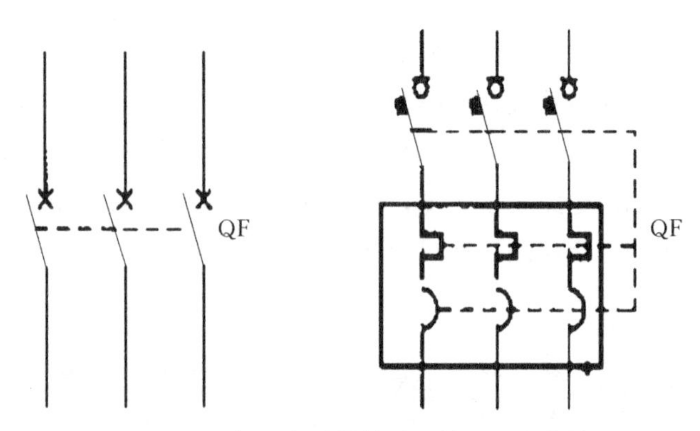

图 1-2-3　低压断路器的图形符号和文字符号

出启动或停止等指令，再通过接触器、继电器来控制电器接通或断开主电路。

按钮开关是由按钮帽、复位弹簧、桥式触头、静触头和外壳组成。通常制成具有常开触头和常闭触头的复合结构，其结构如图 1-2-4 所示。

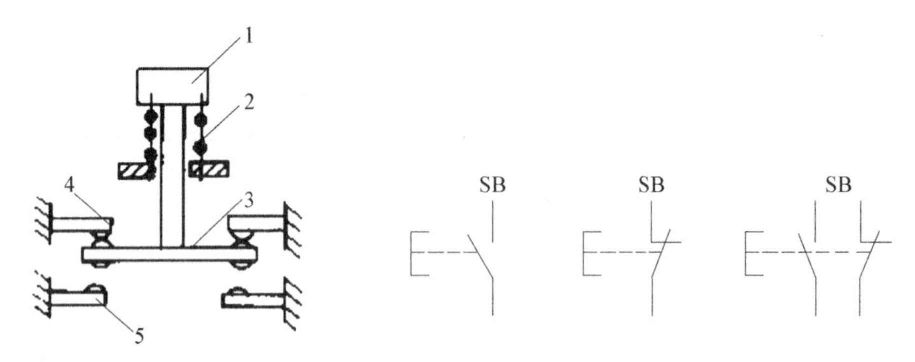

图 1-2-4　按钮开关结构和符号

按钮的结构形式很多。紧急式按钮装有突出的蘑菇形钮帽，用于紧急操作；旋钮式按钮用于旋转操作；指示灯式按钮在透明的钮帽内装有信号灯显示信号；钥匙式按钮须插入钥匙方可操作。按钮帽有多种颜色，一般红色用作停止按钮，绿色用作起动按钮。图 1-2-5 为按钮开关实物。

图 1-2-5　按钮开关实物

2）行程开关

行程开关又称限位开关，是根据运动部件位置而切换电路的自动控制电器。动作时，由挡块与行程开关的滚轮相碰撞，使触头接通或断开来控制运动部件的运动方向、行程大小或位置保护。行程开关种类很多，按结构可分为直动式、滚动式和微动式。机床上常使用微动式行程开关。图 1-2-6 为微动式行程开关的结构和符号。

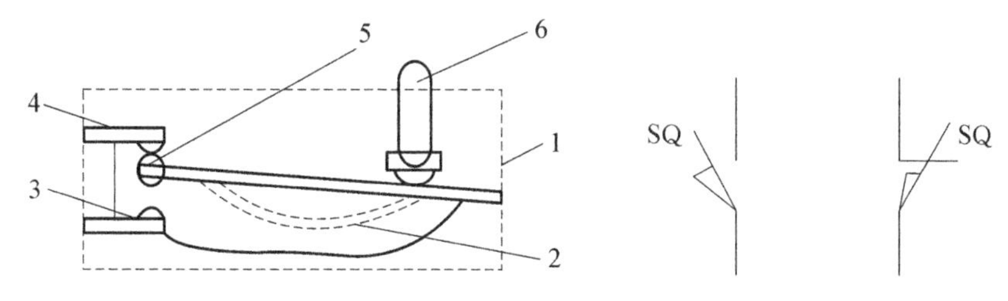

图 1-2-6 行程开关结构和符号

3）接近开关

接近开关又称无触点行程开关。当运动着的物体在一定范围内与之接近时，接近开关就会发出物体接近而“动作”的信号，以不直接接触方式控制运动物体的位置。

接近开关按工作原理，可分为高频振荡型、电容型、感应电桥型、永久磁铁型、霍尔效应型等，其中以高频振荡型最为常用。高频振荡型接近开关的电路由振荡器、晶体管放大器和输出电路三部分组成。其基本原理是：当装在运动部件上的金属物体接近高频振荡器的线圈时，由于该物体内部产生涡流损耗，使振荡回路等效电阻增大，能量损耗增加，使振荡器减弱直至终止，开关输出控制信号。

接近开关应根据其使用目的、使用场所的条件以及与控制装置的相互关系等来选择。检测距离也称为动作距离，是接近开关刚好动作时感辨头与检测体之间的距离，如图 1-2-7 所示。接近开关多为三线制，三线制接近开关有两根电源线（通常为 24 V）和一根输出线。输出有常开、常闭两种状态。

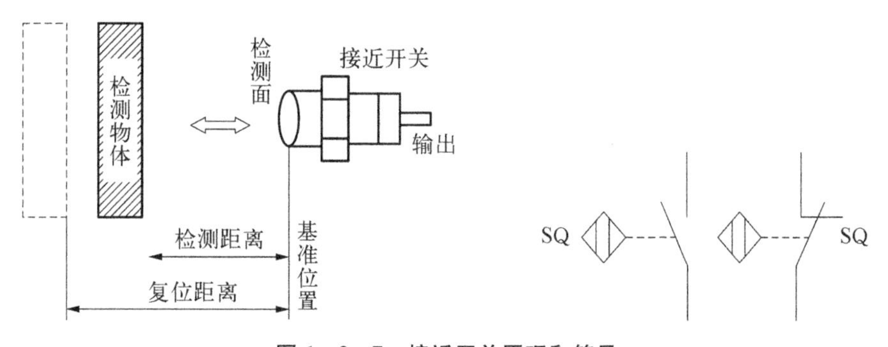

图 1-2-7 接近开关原理和符号

接近开关具有工作稳定可靠、使用寿命长、重复定位精度高、操作频率高等优点，其主要参数有：工作电压、输出电流、动作距离、重复精度及工作响应频率等。

3. 交流接触器

接触器是一种用来频繁地接通或分断带有负载（如电动机）的主电路自动控制电器。接触器按其主触头通过电流的种类不同，分为交流、直流两种，机床上应用最多的是交流接触器，下面介绍交流接触器。

1）交流接触器的结构和工作原理

交流接触器的外形与结构组成如图 1-2-8 所示，它由电磁机构、触点系统、灭弧装

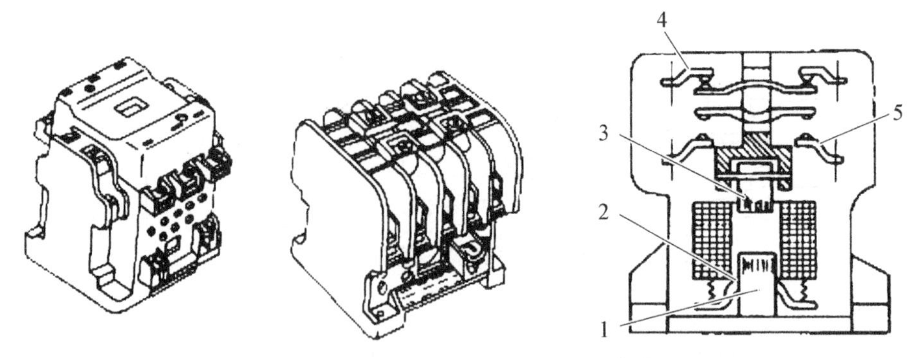

图 1-2-8　交流接触器的外形与结构

置及其他部件四部分组成。

(1) 电磁机构由吸引线圈、铁芯及衔铁组成。它的作用是将电磁能转换成机械能带动触点使之闭合或断开。

(2) 触点系统是接触器的执行元件,用来接通和断开电路。接触器触点系统包括主触点和辅助触点,主触点容量大,用于接通或断开主电路,根据其容量大小,有桥式触点和指形触点两种形式。辅助触点容量小,用在控制电路中起电气自锁或互锁作用。

(3) 灭弧装置。当主触点分断大电流时,在动、静触点间产生强烈的电弧。电弧一方面会烧坏触点,另一方面会使电路切断时间延长,甚至会引起事故,为了使接触器可靠工作,必须采用灭弧装置使电弧迅速熄灭。容量在 10 A 以上的接触器都有灭弧装置;容量在 10 A 以下的接触器,常采用双断口桥形触点以利于灭弧。

(4) 其他部件包括反作用弹簧、触点压力弹簧、传动机构及外壳等。

交流接触器是这样工作的:当电磁线圈通电后,铁芯被磁化产生磁通,由此在衔铁气隙处产生电磁力,将衔铁吸合,主触点在衔铁的带动下闭合,接通主电路,同时衔铁还带动辅助触点动作,动断辅助触点首先断开,接着动合辅助触点闭合。当线圈断电或外加电压显著降低时,在反力弹簧的作用下衔铁释放,主触点、辅助触点又恢复到原来的状态。

2) 接触器的主要技术参数和电气符号

交流接触器的主要技术参数有额定电压、额定电流、额定操作频率、接通与分断能力等。接触器的图形符号和文字符号如图 1-2-9 所示。

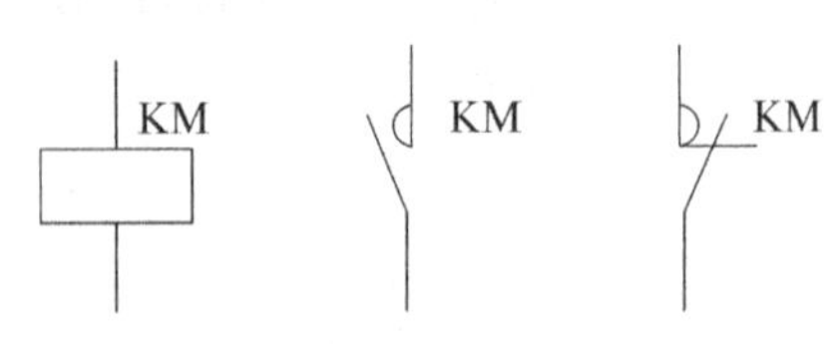

图 1-2-9　接触器的图形符号及文字符号

接触器的额定电压是指主触头的额定电压。交流接触器的额定电压,一般为 500 V 或 380 V。接触器的额定电流是主触头的额定电流,有 5、10、20、40、60、150 A 等几种。

额定操作频率是指接触器每小时允许的接通次数,一般为 300 次/小时、600 次/小时和 1 200 次/小时。

接触器的接通和分断能力是指主触头在规定条件下,能可靠地接通和分断的电流值。

在此电流值下，接通时主触点不应发生熔焊，分断时应能可靠灭弧。

4. 继电器

继电器是一种根据某种输入信号的变化而接通或断开控制电路，从而实现控制目的的电器。继电器的输入信号可以是电流、电压等电量，也可以是温度、速度、时间、压力等非电量，而输出通常是触头的动作（断开或闭合）。继电器的种类很多，按工作原理可分电磁式继电器、热继电器、压力继电器、时间继电器和速度继电器等。在机床电气控制中，应用最多的是电磁式继电器。

（1）电磁式继电器的结构组成和工作原理：

电磁式继电器的结构和工作原理与电磁式接触器相似，也是由电磁机构、触点系统和释放弹簧等部分组成。触点有动触点和静触点之分，在工作过程中能够动作的称为动触点，不能动作的称为静触点。图1-2-10为电磁式继电器的结构。

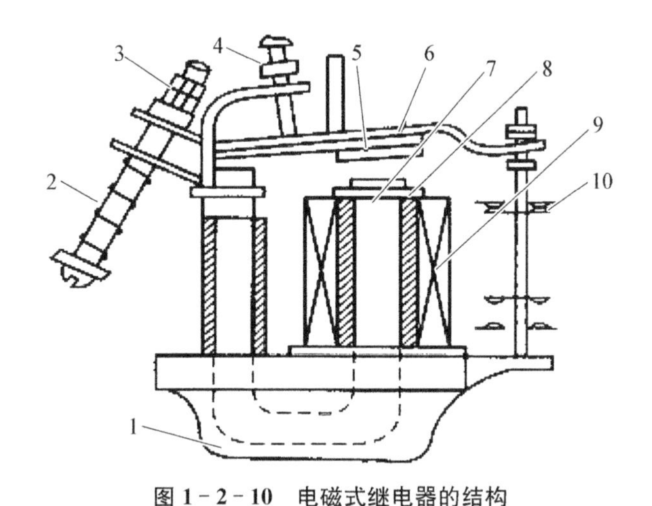

图1-2-10　电磁式继电器的结构

当线圈通电后，铁芯被磁化产生足够大的电磁力，吸动衔铁并带动簧片，使动触点和静触点闭合或分开；当线圈断电后，电磁吸力消失，衔铁返回原来的位置，动触点和静触点又恢复到原来闭合或分开的状态。应用时只要把需要控制的电路接到触点上，就可利用继电器达到控制的目的。

电流继电器与电压继电器在结构上的区别主要是线圈不同。电流继电器的线圈匝数少、导线粗，与负载串联以反映电路电流的变化。电压继电器的线圈匝数多、导线细，与负载并联以反映其两端的电压。中间继电器实际上也是一种电压继电器，只是它具有数量较多、容量较大的触点，起到中间放大的作用。

（2）电磁式继电器的主要技术参数和电气符号：

① 额定工作电压或额定工作电流，指继电器工作时线圈需要的电压或电流。

② 为了适应不同电压的电路应吸合电流，指继电器能够产生吸合动作的最小电流。在实际使用中，要使继电器可靠吸合，给定电压可以等于或略高于额定工作电压。但是，

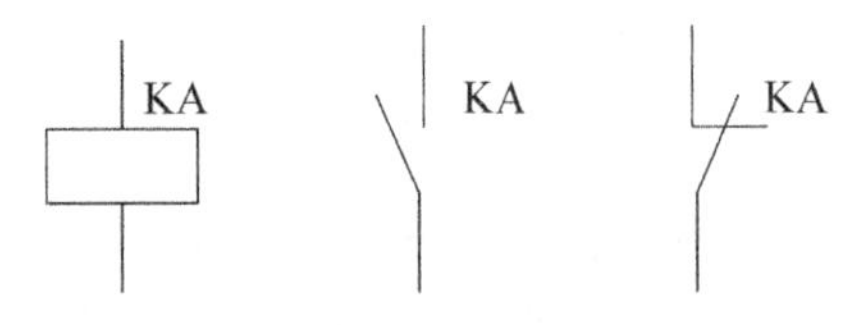

图 1-2-11 电磁式继电器的符号

给定电压一般不要大于额定工作电压的 1.5 倍，否则会烧毁线圈。

③ 释放电流，指继电器产生释放动作的最大电流。如果减小处于吸合状态的继电器的电流，当电流减小到一定程度时，继电器恢复到未通电时的状态，这个过程称为继电器的释放动作。释放电流比吸合电流小得多。

二、准备工作

1. 工具

所需工具如图 1-2-12 所示。

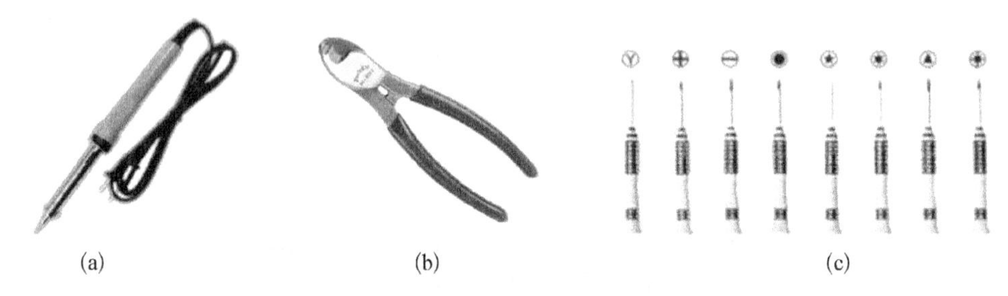
(a) (b) (c)

图 1-2-12 工具

(a) 电烙铁 (b) 剪线钳 (c) 旋具

2. 材料

所需材料为 DB9 型连接器套件、导线、焊锡丝、松香，如图 1-2-13 所示。

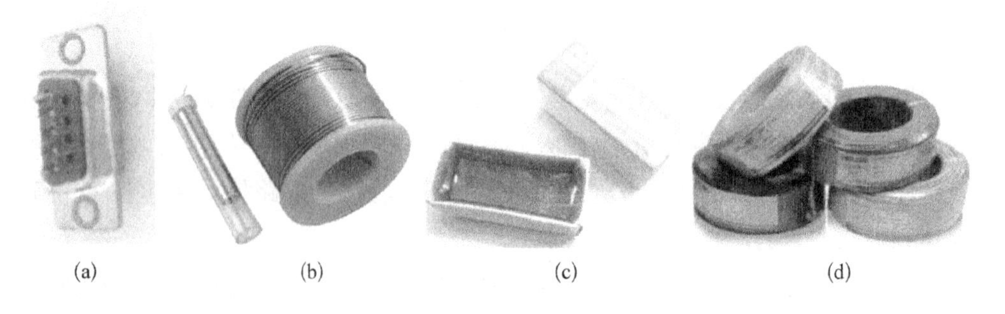
(a) (b) (c) (d)

图 1-2-13 材料

(a) DB9 型连接器套件 (b) 焊锡丝 (c) 松香 (d) 导线

3. 实训设施

计算机，GSK218M-CNC。

三、实施步骤

1. 电气原理分析(见图 1-2-14～图 1-2-17)

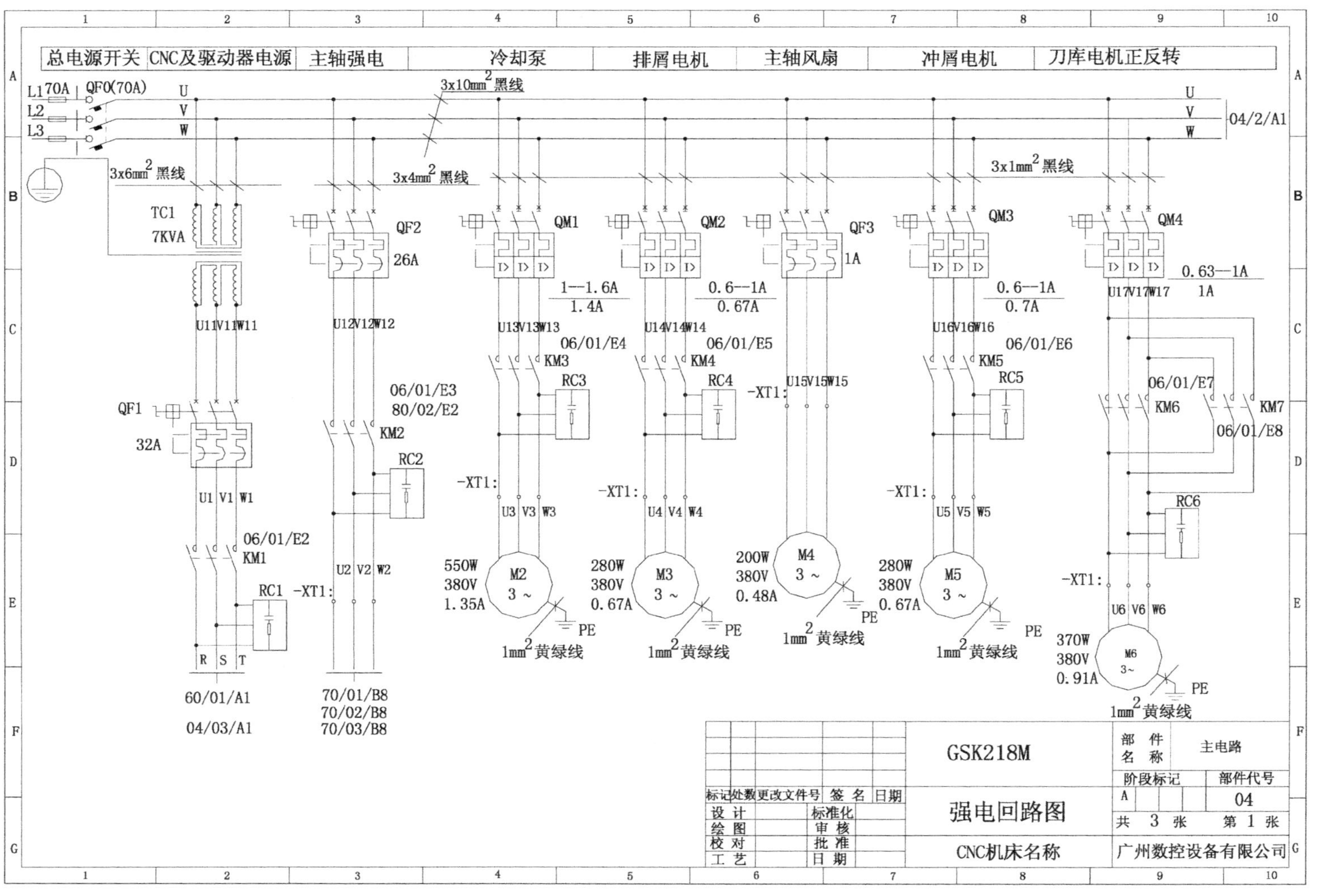

图1-2-14　主电路强电原理

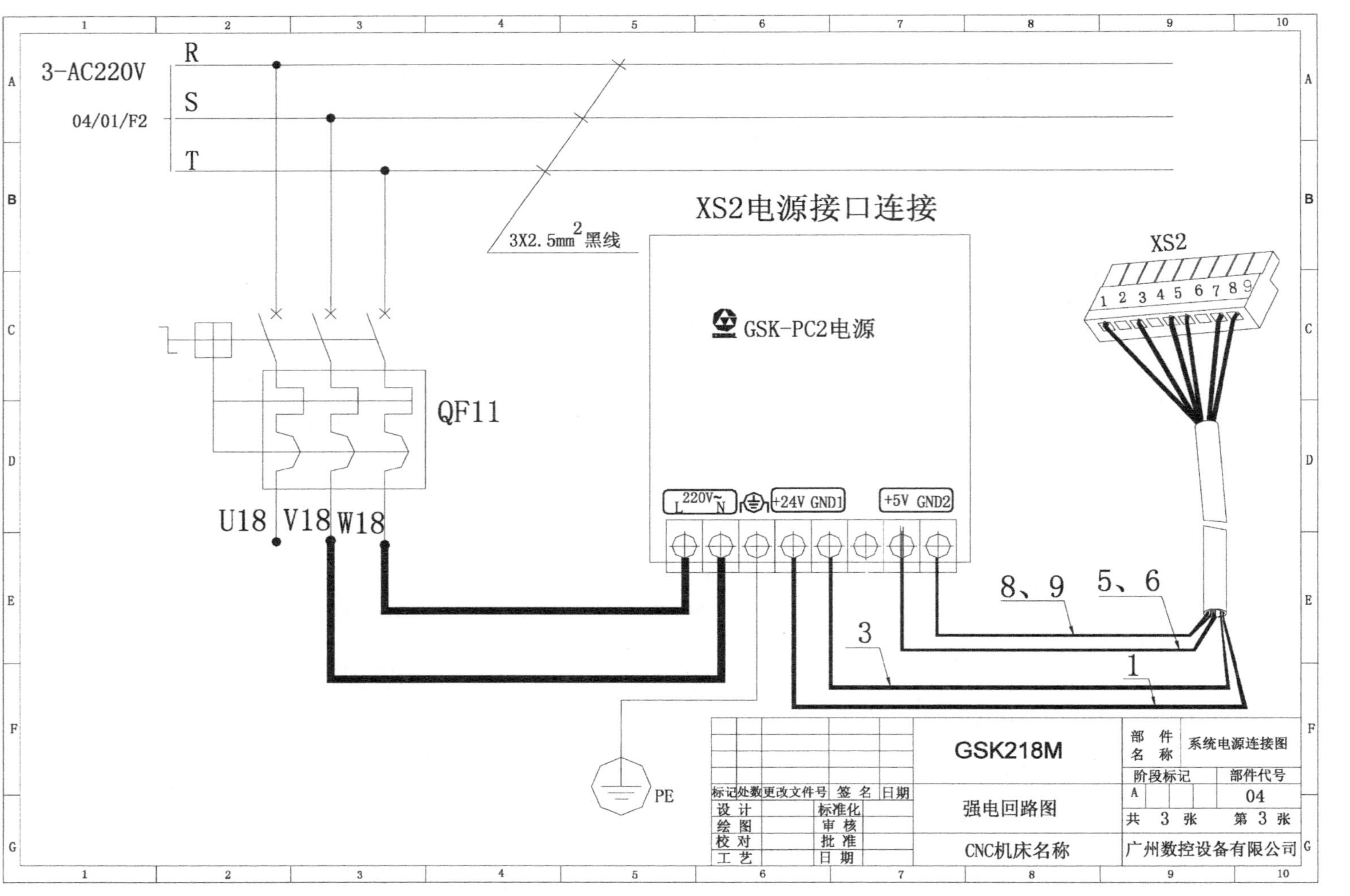

图 1-2-15 系统电源强电原理

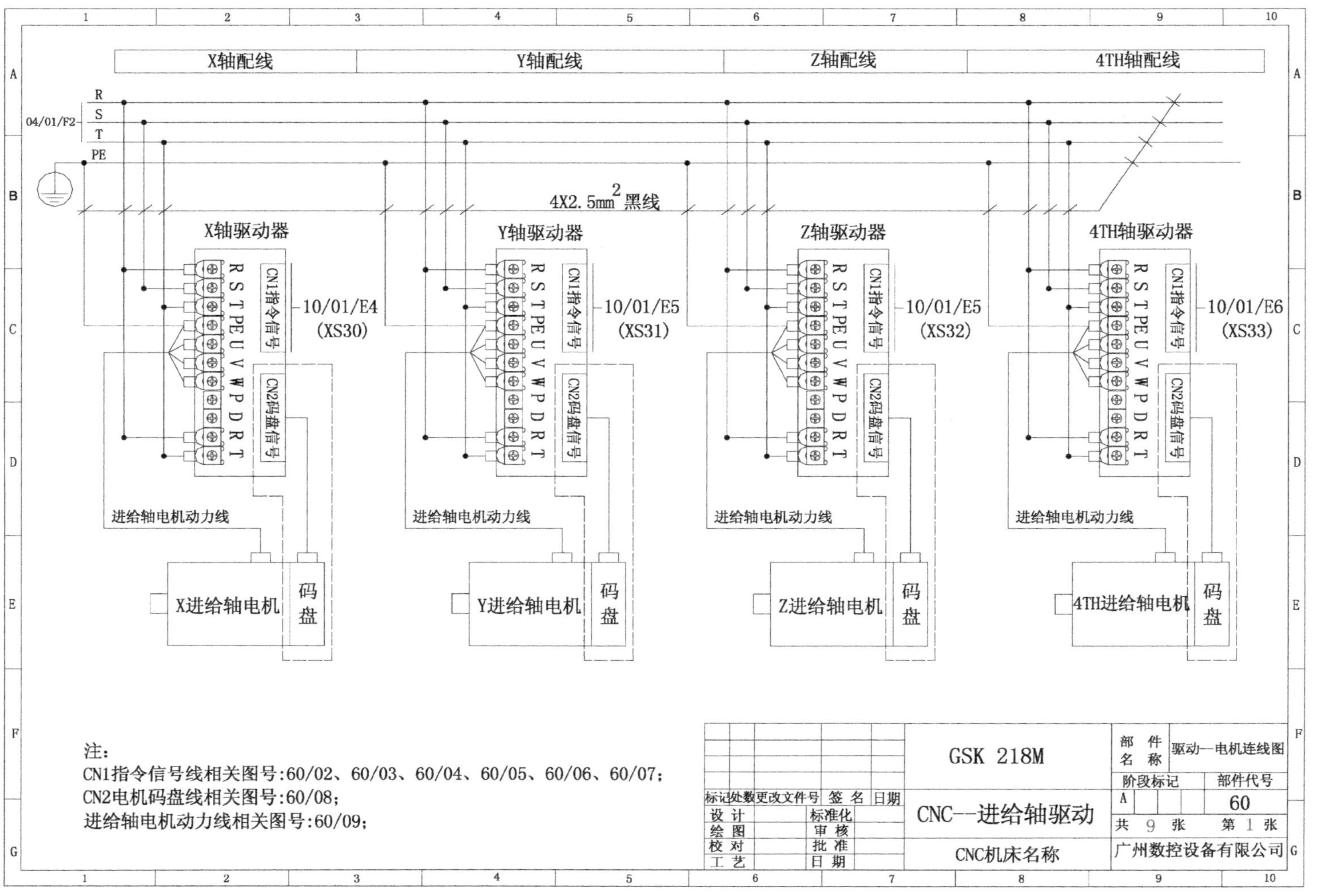

图 1-2-16 进给系统强电原理

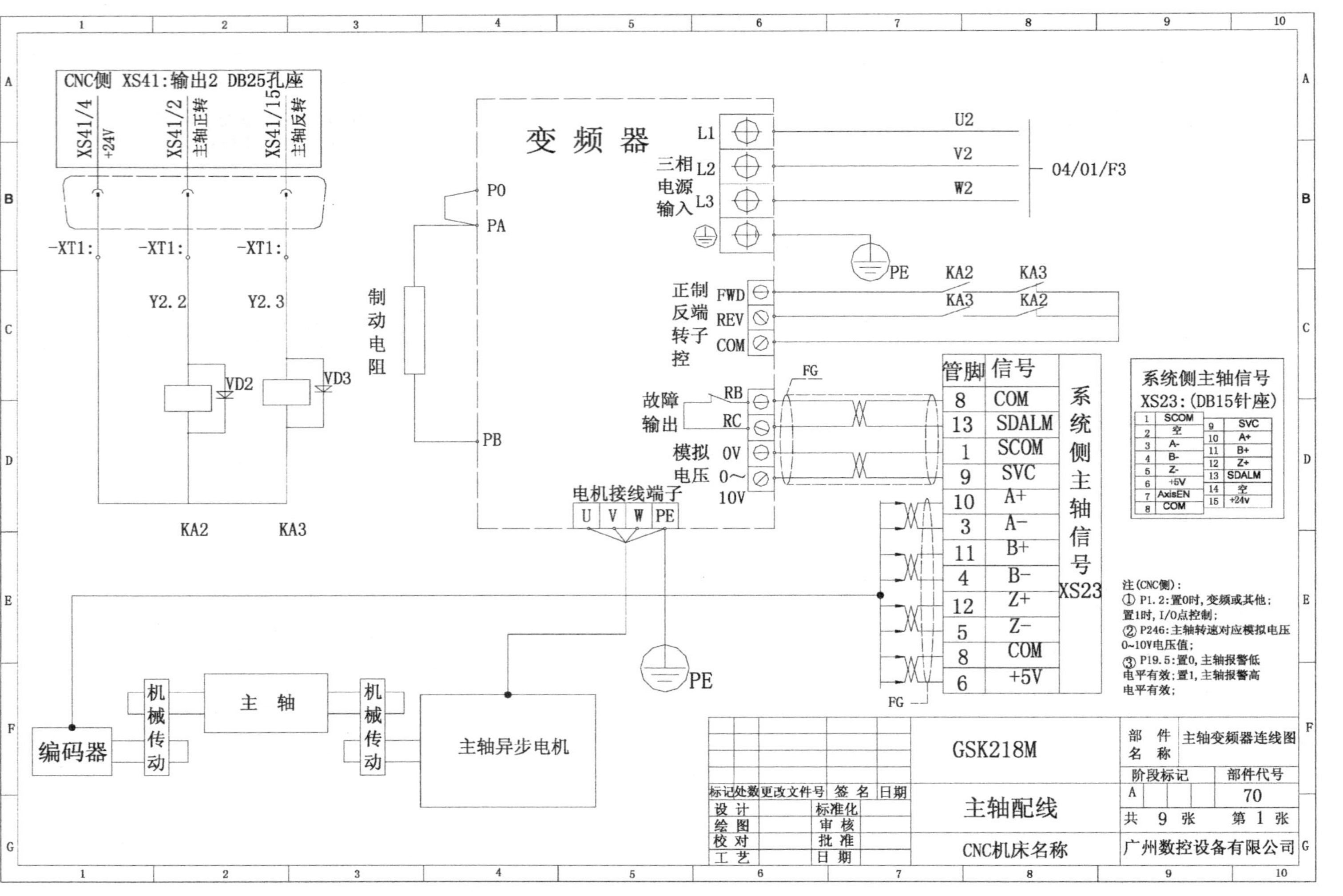

图 1-2-17 主轴系统强电原理

2. 接线分析(见图 1－2－18)

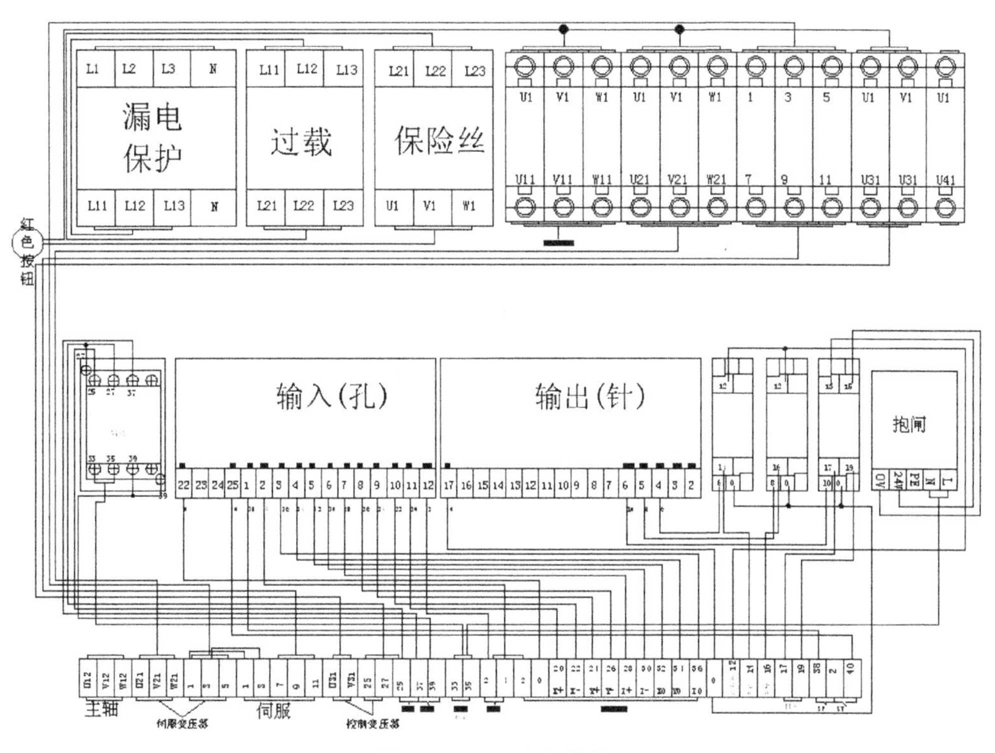

图 1－2－18　电柜接线

3. 接线

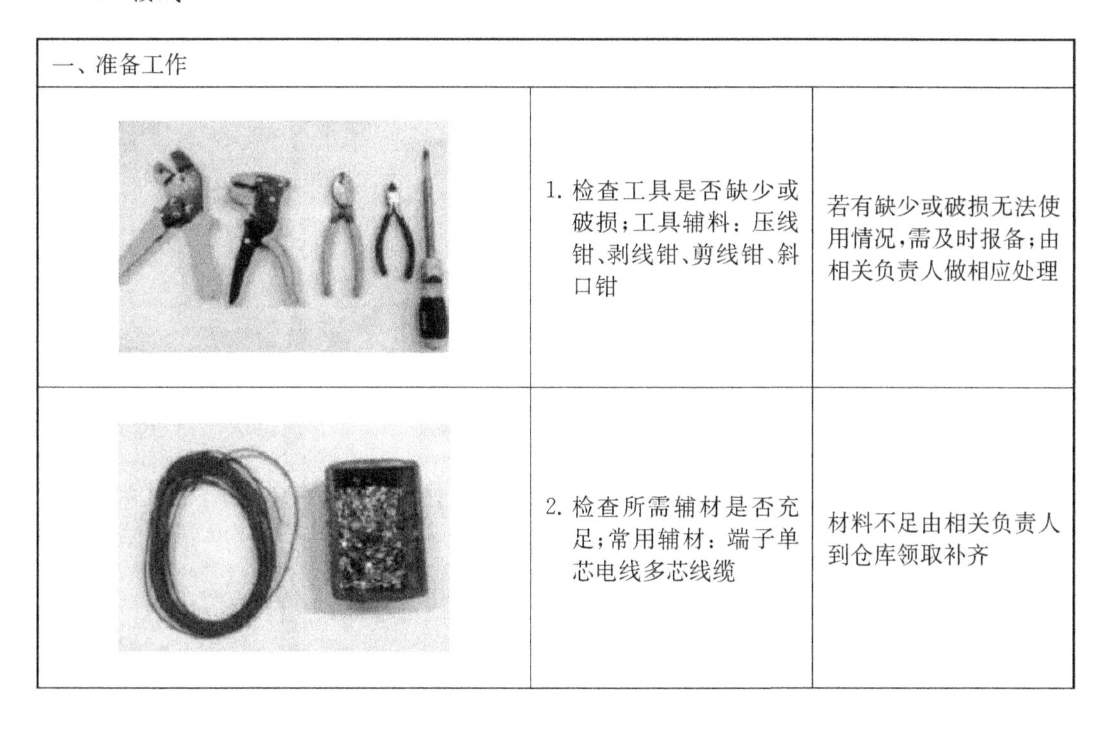

一、准备工作		
	1. 检查工具是否缺少或破损;工具辅料：压线钳、剥线钳、剪线钳、斜口钳	若有缺少或破损无法使用情况,需及时报备;由相关负责人做相应处理
	2. 检查所需辅材是否充足;常用辅材：端子单芯电线多芯线缆	材料不足由相关负责人到仓库领取补齐

（续表）

二、操作步骤		
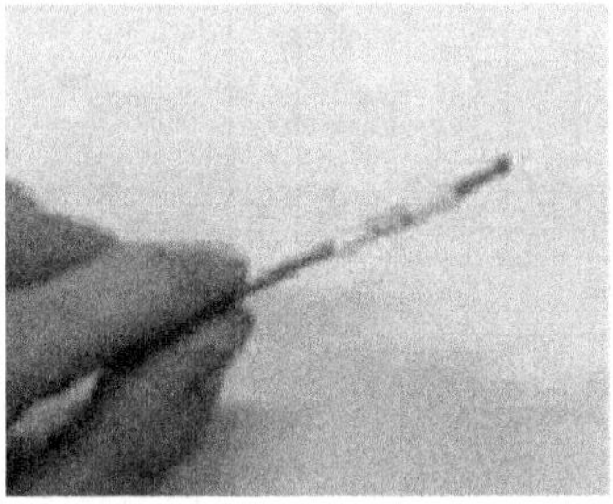	1. 套接号码管	根据图纸标示给相应电线套接适合尺寸号码管,并打印适合的字体
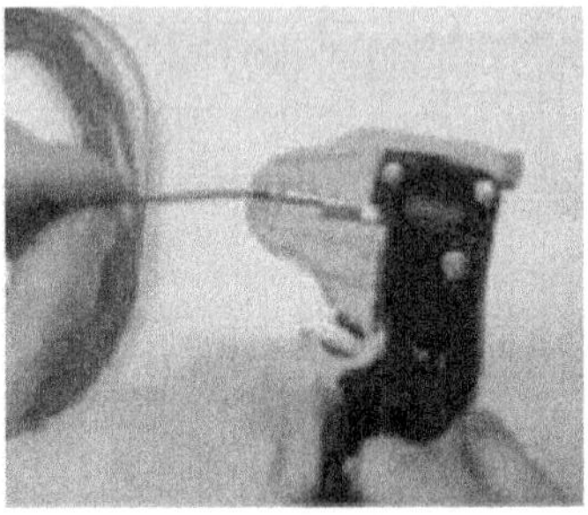	2. 使用专业工具,根据实际需要剥线	在剥线操作时应注意力度及剥线长度,不允许切断铜线芯,剥除绝缘层不宜过长
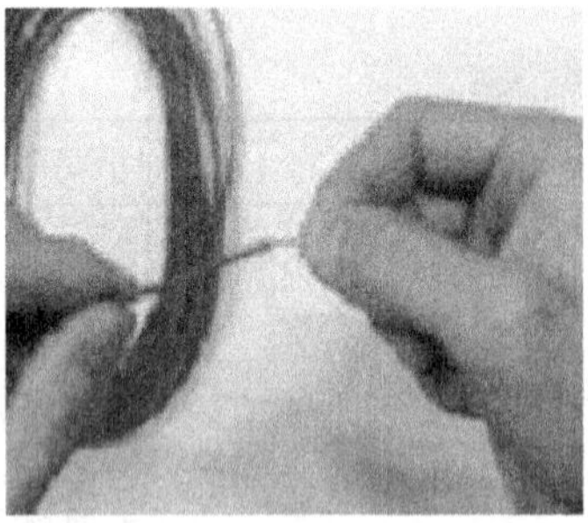	3. 扭紧铜线	使铜线芯不散开:① 防止漏压线芯;② 减小由于破坏绝缘层导致导电能力下降
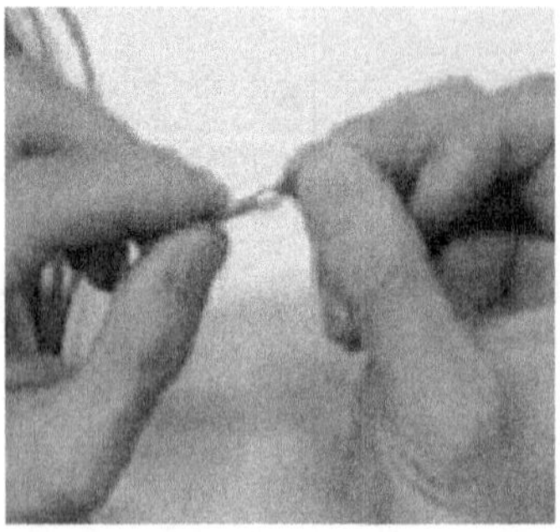	4. 套接端子	选择相应型号端子套接,如:1 mm^2线选择对应1 mm^2端子

(续表)

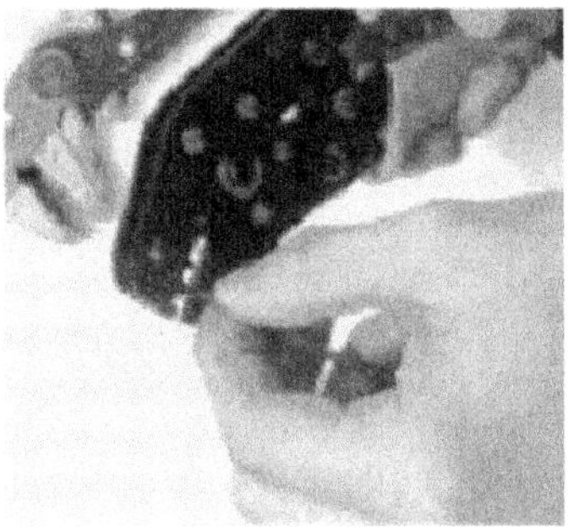	5. 使用专业工具压紧端子	选择对应挤压位置压紧端子,且受力面应为无缺口圆弧面
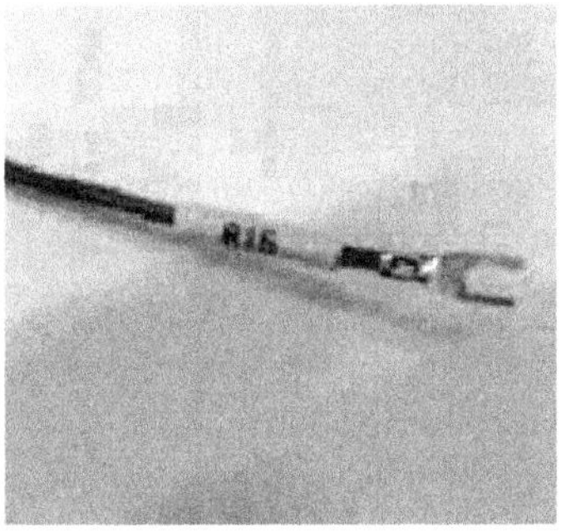	6. 一次成型	尽量一次挤压成型,避免多次挤压造成端子破损
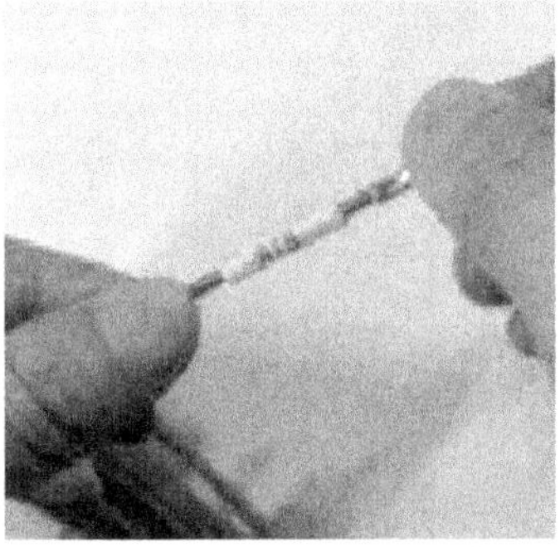	7. 检验	挤压完成后用双手拉扯端子与电线,看是否压紧
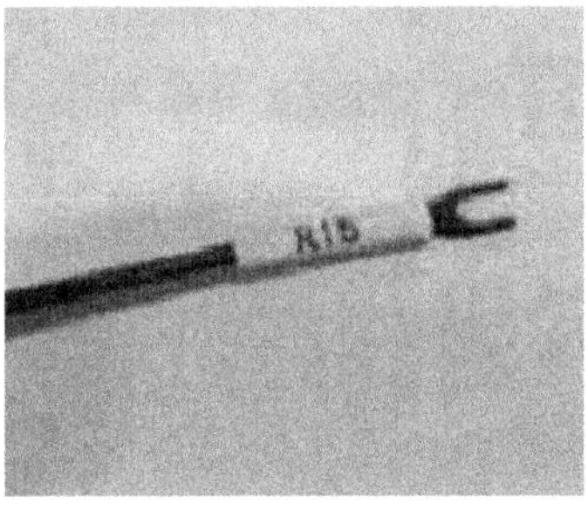	8. 最终状态	套好号码管,检查标示号码是否正确,确认无误便可接入对应电器元器件相应位置

4. 电柜安装

序号	作业流程	注意事项	工量具
1	按安装图纸定好电柜及电柜支架的安装孔位置,接着钻孔并攻牙		电钻
2	将电柜支架用 4 - M10×20 内六角螺钉加垫圈及弹簧垫圈与立柱面锁紧固定		丝攻
3	由于油漆的缘故,需对电柜各安装孔用对应规格的丝锥进行清牙处理		内六角扳手
4	把电柜吊到安装位置后,用内六角螺钉加垫圈及弹簧垫圈把电柜固定锁紧在立柱右侧面,同时要在电柜与立柱接触面间加六个自制垫块,如图 1 所示;最后将电柜底边与电柜支架用内六角螺钉加垫圈锁紧	底板上所配的电器件较多且重,故用天车起吊安装时应注意周围环境,防止碰撞各元器件;同时也应保持双手干净、干燥、无油污	
5	将底板吊起移至电柜安装位置,对准孔位,用内六角螺钉加垫圈及弹簧垫圈将底板锁紧固定	组装前,一定要先按图 2、图 3 所示摆放好所有的防尘罩与风扇,因为它们在电柜里的布线位置不一样	
6	将图 2 所示的防尘罩反向后分别与图 3 所示的风扇 CF、风扇 SF 对准安装孔后,用十字半圆头螺丝加垫圈锁紧,图 4 为风扇与防尘罩组装好的组合件		
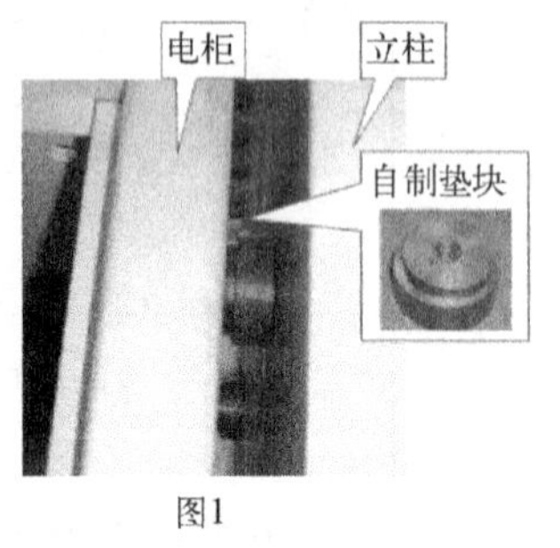 图1	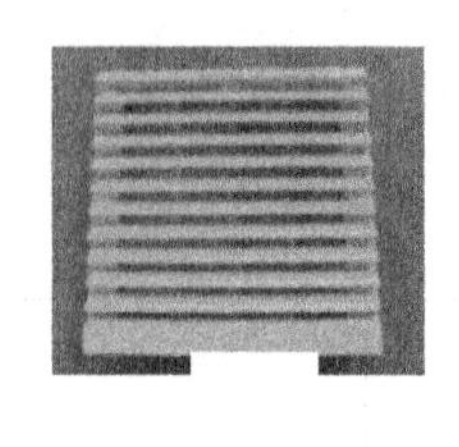 图2	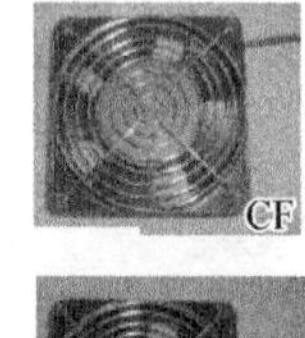 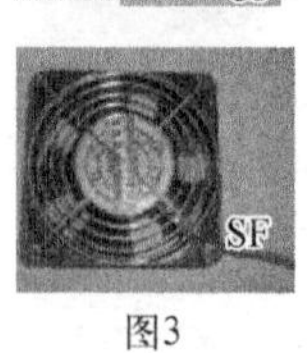 图3	 图4
7	把上步组装好的组合件用 8 - M4×12的十字半圆头螺钉加垫圈及弹簧垫圈将其固定于电柜安装位置上,如图 5 所示	如图 4 所示,风扇 CF 是抽风的,组装时应将其出线端向上布置;风扇 SF 为送风,其布线与 CF 相反	

(续表)

序号	作业流程	注意事项	工量具
8	在电柜各圆孔处分别安装合适规格的管接头，如图6所示	接线时双手应保持干净、干燥，无油污；连接电线不可有破损，不可受挤压；控制线走中间线槽；强电弱电分开布线；所有连线长度合理，不宜过紧；插头与插座接触良好，要拧紧螺丝。接线端子接线，剥线长度合理，6 mm为宜；不走线槽的线应用扎带扎好，固定；电柜内应保持美观清洁	
9	按安装图纸定好耗能电阻的安装位置后，钻孔并攻牙，安装后如图7所示	插栓及电柜锁功能动作必须灵活、无卡死现象	
10	电柜底板接线，请参照《数控底板接线说明》		
11	用铰链轴分别将电柜门与电柜连接(该步可在最后工序完成)。最后将插栓、电柜锁分别对应好电柜门的安装位置，用螺丝上紧固定		
12	将电柜支架挡板在电柜支架上定位，钻孔、攻牙，用内六角螺丝加垫圈锁紧		

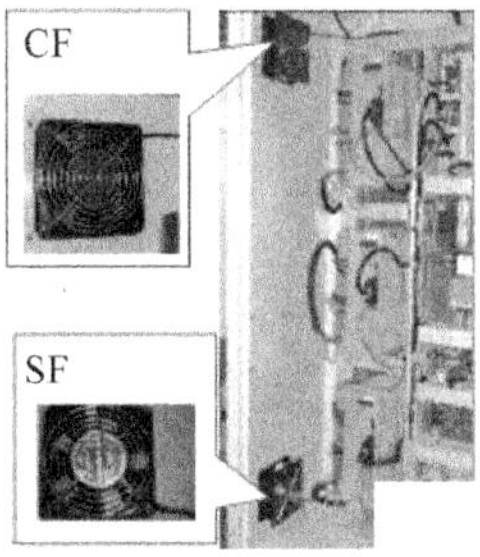

图5 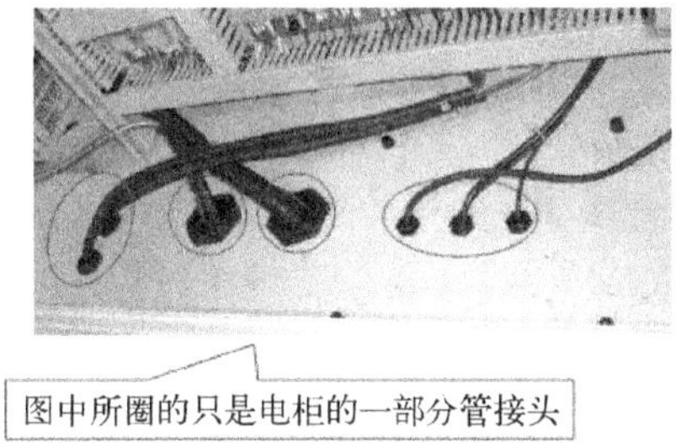 图6 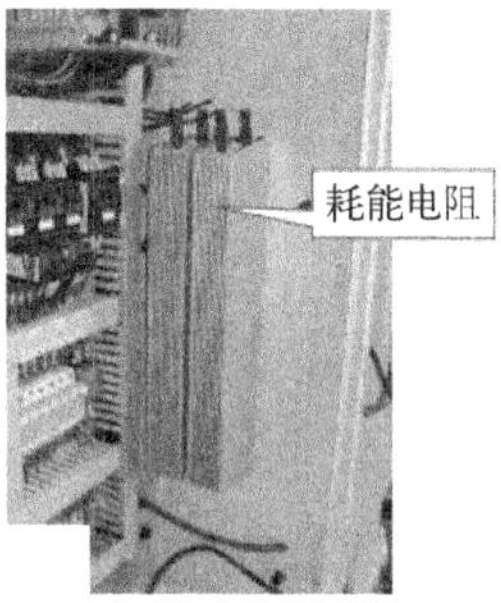 图7

四、评分标准

序号	项目及技术要求	得分	评分标准	检测结果	得分
1	工具、材料、实训设施准备	5	准备工作做得不充分，扣5分		
2	正确识别常见低压电器	15	不正确，每个扣2分		

（续表）

序号	项目及技术要求	得分	评 分 标 准	检测结果	得分
3	正确使用接线工具	10	不正确，扣10分		
4	能读懂电气原理图	20	设置不正确，每一个扣5分		
5	对照原理图、能分析设计接线图	20	设置不当，每一处扣5分		
6	安全文明生产	20	违反安全操作的有关规定，不得分		

项目二 进给系统的安装与调试

数控机床的进给伺服系统是数控系统主要的子系统，它是以移动刀架（数控车床）或工件（数控铣床）的位置和速度作为控制对象的自动控制系统，进给伺服系统的主要任务是完成各坐标轴的位置控制。下图为 GSK218Mb－CNC 数控铣床进给伺服驱动系统。

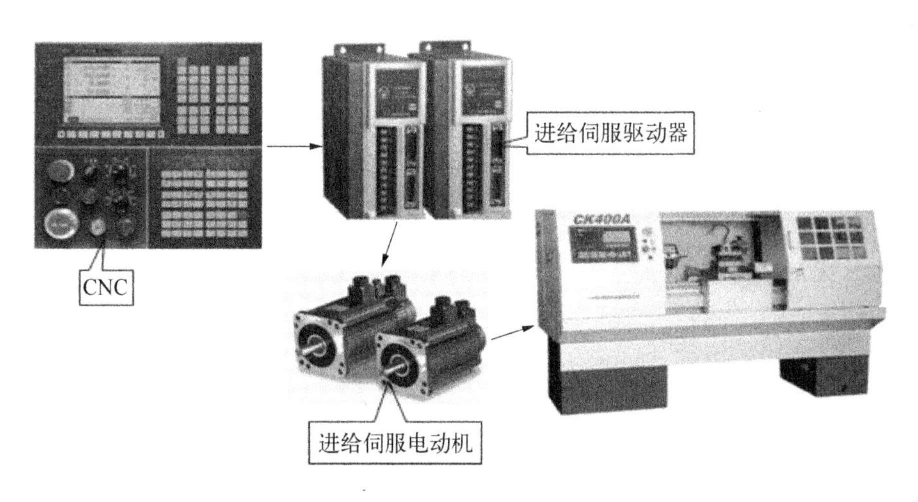

数控机床进给伺服系统一般由伺服放大器、伺服电动机、机械传动组件和检测装置等组成。其中伺服放大器和伺服电动机构成数控机床进给驱动系统；机械传动组件构成机械传动系统；检测元件与反馈电路组成检测装置，也称检测系统。

伺服放大器的作用是接受系统伺服信号，实施伺服电动机控制，并采集检测装置的反馈信号，实现伺服电动机闭环电流矢量控制及进给执行部件的速度和位置控制。

伺服电动机是进给伺服系统电气执行部件，现代数控机床进给伺服电动机普遍采用交流永磁式同步电动机。伺服电动机上装有测速装置（编码器），将电动机的转速信号与速度检测指令进行比较，从而完成对速度的控制；位置控制由位置检测装置检测并将信号反馈给数控系统，构成闭环或半闭环控制。伺服电动机可以通过联轴器与丝杠直接连接，也可以通过同步齿形带或齿轮传动相连接。

数控机床进给伺服系统的机械传动组件是将伺服电动机的旋转运动变为工作台或刀架的直线运动，以实现进给运动的机械传动部件，主要包括伺服电动机与丝杠的连接装置、滚珠丝杠螺母副及其固定或支撑部件、导向元件和润滑辅助装置等。

数控机床对进给伺服系统的要求是：调速范围宽且要有良好的稳定性（在调速范围内），输出位置精度要高，负载特性要好，响应速度快且无超调，能可逆运行和频繁灵活启停，系统的可靠性高，维护使用方便，成本低。

与主轴系统比较，进给驱动系统的特点是：功率相对较小，控制精度要求高，控制性能要求高，尤其是动态性能。

数控机床进给伺服系统按有无位置检测反馈装置可分为开环、半闭环和闭环三种。开环控制系统用步进电动机作为驱动元件，没有反馈回路和速度控制回路，简单、经济，广泛用于中、低档数控机床及一般的机床改造中；半闭环、闭环伺服系统采用直流伺服电动机或交流伺服电动机作为驱动元件。

数控机床进给伺服系统按驱动电动机的类型可分为步进电动机伺服系统、直流电动机伺服系统、交流电动机伺服系统和直线电动机伺服系统。

进给驱动系统的电气安装与调试主要解决以下问题：步进与交流伺服驱动系统的电气连接，进给系统 PLC 控制程序编制与分析，步进与交流伺服驱动系统运行状态的调试和维护，步进与交流伺服驱动系统装调中常见电气故障的排除。

任务 1　进给系统的电气安装与调试

任务导入

GSK218Mb－CNC 铣床，采用交流电动机进给伺服驱动系统（见图 2－1－1）。试将伺服电动机、伺服驱动器与数控系统（GSK218Mb、GSK218M）连接起来，并能有效排除调试运行中的电气故障。

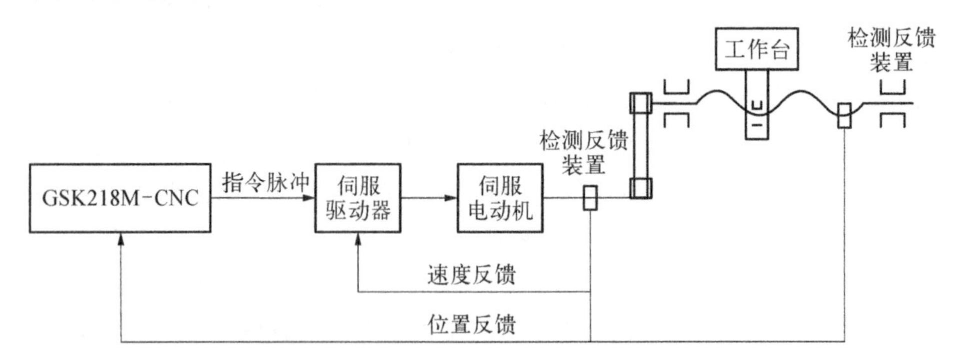

图 2－1－1　GSK218M 系统进给伺服驱动系统控制

任务目标

(1) 能看懂交流伺服驱动系统电气控制原理图,根据电气控制原理图能进行伺服电动机、驱动器、数控系统的线路连接及调试。

(2) 能排除交流伺服驱动系统的常见电气故障。

任务分析

由图 2-1-1 可知,伺服电动机是通过伺服驱动器与数控系统连接起来的,数控装置发出的指令直接通过伺服驱动器控制伺服电动机运转。要对交流伺服驱动系统进行正确的电气连接与调试,首先必须了解伺服电动机与伺服驱动器的结构与工作原理。只有掌握了工作原理,才能准确地找出运行中的故障点,可靠地排除故障。

因此,本任务具体学习步骤为:伺服电动机种类→永磁式伺服电动机的结构与工作原理→伺服驱动器工作原理→交流伺服驱动系统的电气安装→交流伺服驱动系统常见电气故障检修。

任务实施

一、相关知识

1. *永磁式交流伺服电动机*

伺服电动机是进给伺服系统的电气执行部件,现代数控机床进给伺服电动机普遍采用永磁式交流伺服电动机。

1) 结构

永磁式交流伺服电动机即同步型交流伺服电动机,是一台机组,由永磁同步电动机、转子位置传感器、速度传感器等组成。

如图 2-1-2 所示,永磁同步电动机主要由三部分组成:定子、转子和检测元件(转子位置传感器和测速发电机)。其中定子有齿槽,内有三相绕组,形状与普通异步电动机的定子相同;其外圆多呈多边形,且无外壳,以利于散热,避免电动机发热对机床精度产生影响。

2) 工作原理

如图 2-1-3 所示,当定子三相绕组通上交流电源后,就产生一个旋转磁场,该旋转磁场将以同步转速 n_s 旋转。由于磁极同性相斥、异性相吸,定子旋转磁场与转子的永磁磁场磁极互相吸引,并带着转子一起旋转,因此,转子也将以同步转速 n_s 与旋转磁场一起旋转。当转子轴加上外负载转矩之后,转子磁极轴线将落后定子磁场轴线一个 ε 角,随着负载增加,口也随之增大;负载减少时,ε 角也减小;只要外负载不超过一定限度,转子始终跟着定子的旋转磁场以恒定的同步转速 n_s 旋转。

若设其转速为 n_r,$n_r=n_s=60f/p$,即转子转速由交流供电电源频率 f 和磁极对数 p 决定。

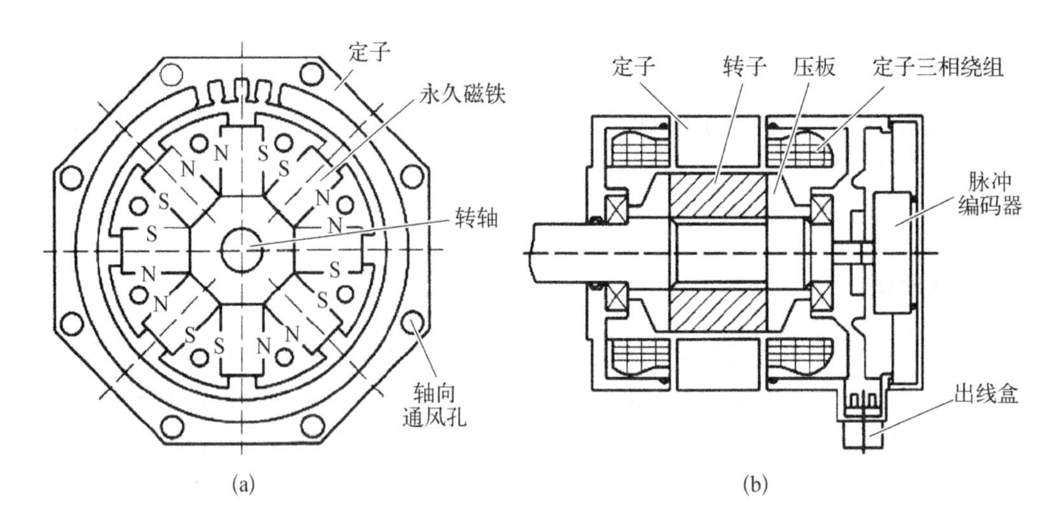

图 2-1-2 永磁同步电动机结构

(a) 永磁同步电动机横剖面 (b) 永磁同步电动机纵剖面

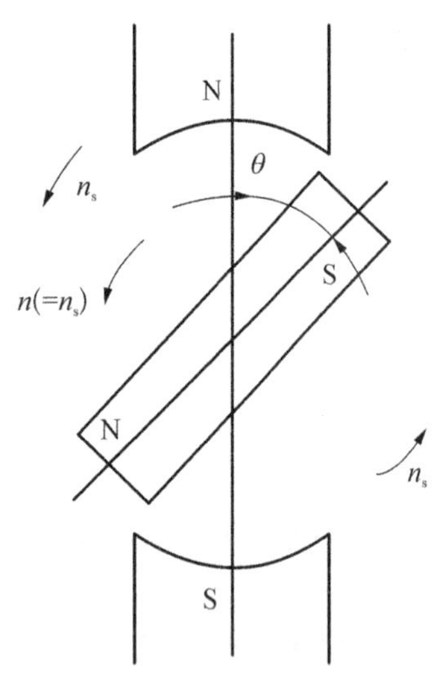

图 2-1-3 永磁交流伺服电动机的工作原理

当外负载超过一定极限后，转子不再按同步转速旋转，甚至可能不转，这就是同步电动机的“失步”现象，此负载的极限称为最大同步转矩。

3) 特点

(1) 交流伺服电动机的机械特性比直流伺服电动机的机械特性要硬，其直线更为接近水平线。另外，断续工作区范围更大，尤其是高速区，这有利于提高电动机的加、减速能力。

(2) 高可靠性。用电子逆变器取代了直流电动机的换向器和电刷，工作寿命由轴承决定。因无换向器及电刷，也省去了此项目的保养和维护费用。

(3) 主要损耗在定子绕组与铁芯上，故散热容易，便于安装热保护；而直流电动机损耗主要在转子上，散热困难。

(4) 转子惯量小，其结构允许高速工作。

(5) 体积小，质量小。

2. 伺服驱动控制系统

1) 伺服电动机的驱动与控制

如图 2-1-4 所示，进给伺服系统主要由以下几个部分组成：伺服驱动系统、检测与反馈装置(即检测与反馈单元)、机械执行部件。其中伺服驱动系统包括伺服驱动电路与伺服驱动元件(伺服电动机)，伺服驱动电路包括位置控制电路(即位置控制单元)与速度控制电路(即速度控制单元)。

检测反馈元件如安装在电动机轴上或丝杠端部为半闭环控制，如装在机床工作台上则为闭环控制。数控装置根据输入的程序指令及数据，经插补运算后得到位置控制指令(即一

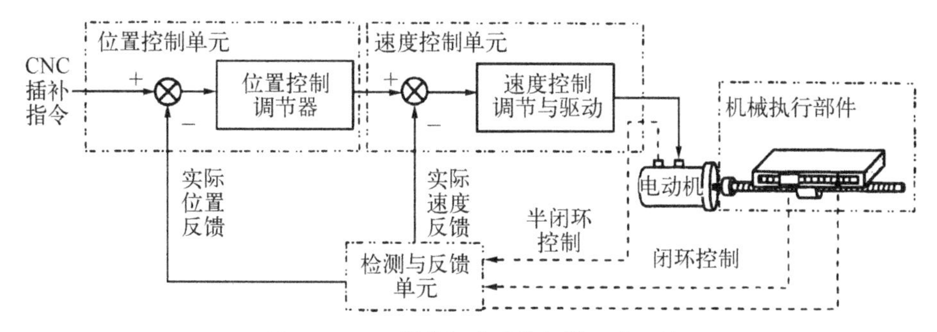

图 2－1－4　数控机床进给伺服驱动系统

串脉冲或一组二进制数据)，安装在机械执行部件或其他传动元件上的位置检测元件，将执行部件的实际位移量转换成电脉冲或模拟电压量后，反馈到输入端，并与输入指令位置信号进行比较，形成位置偏差。随后将两者的差值放大和变换，控制伺服电动机驱动执行部件以给定的速度向着消除偏差的方向运动，直到指令位置与反馈的实际位置的差值等于零为止。

进给伺服系统的任务是完成各坐标轴的位置控制，进给伺服系统实际上是外环为位置环、内环为速度环的双闭环控制系统，速度环中还包含电流环。因此，从控制原理的角度来看，进给伺服驱动系统可分为三环，即位置环、速度环和电流环。位置环即位置控制单元，它接收控制指令脉冲和位置反馈脉冲，位移指令位置与反馈信号实际位置进行比较后得到位置偏差，位置偏差经变换放大作为速度指令发往速度控制单元；机械执行部件或伺服电动机上的测速装置测得的电动机转速信号与速度控制指令进行比较，构成速度环控制，速度环将速度偏差信号进行处理，产生电流信号；电流环将电流信号以及由电流检测元件实测的伺服电动机反馈电流信号进行处理，再驱动大功率元件，产生伺服电动机的驱动电流，控制伺服电动机转速的大小，以实现对进给位置的控制。

2) GSK218M 系统交流伺服系统的连接

GSK218M 系统数控车床交流伺服系统通常使用 DA98 型伺服驱动器，DA98 型交流伺服驱动器可与国内外多款伺服电动机配套使用，常用的配套伺服电动机有广州数控的 SJT 系列以及华中科技大学电机厂的 STZ、Star 系列。

GSK218M－CNC 与伺服电动机通过伺服驱动器连接，伺服驱动器与 GSK218M－CNC 是通过 CNC 的 XS30 和 XS31 脉冲接口与驱动器的 CNC 接口连接。GSK218MT－CNC 连接伺服驱动装置如图 2－1－5 所示，为半闭环系统。

3) DA98 型全数字式交流伺服驱动器

DA98 型全数字式交流伺服系统是国产第一代全数字交流伺服系统，与步进系统相比，DA98 型全数字式交流伺服系统具有以下优点：

(1) 避免失步现象。伺服电动机自带编码器，位叠信号反馈至伺服驱动器，与开环位置控制器一起构成半闭环。

(2) 控制系统。宽速比、恒转矩调速比为 1∶5 000，从低速到高速都具有稳定的转矩特性。

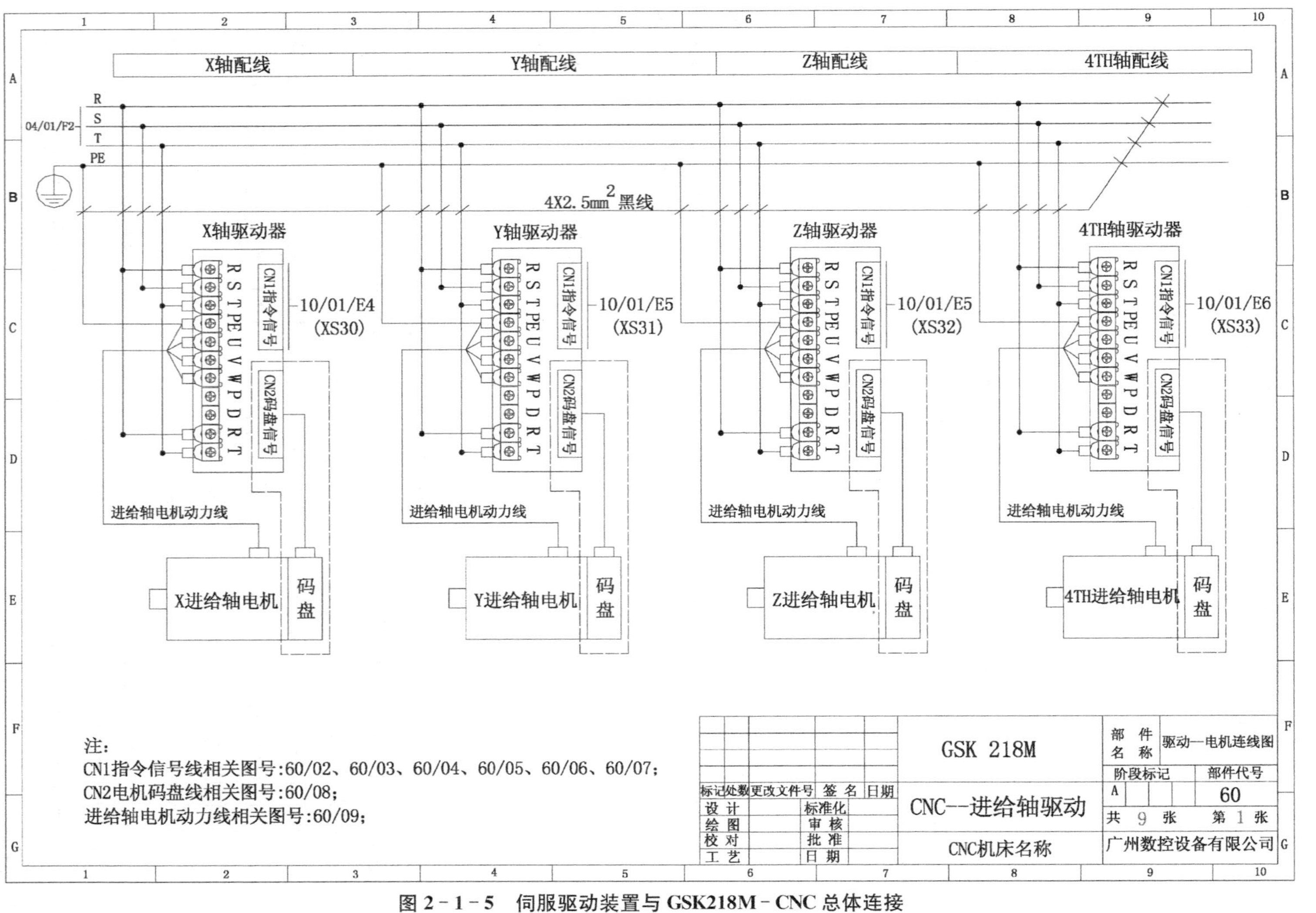

图 2-1-5 伺服驱动装置与 GSK218M-CNC 总体连接

(3) 高速度、高精度。伺服电动机最高转速可达 3 000 r/min，回转定位精度 1/10 000 r。不同型号的伺服电动机最高转速不同。

(4) 控制简单、灵活。通过修改参数可对伺服系统的工作方式、运行特性作出适当的设置，以适应不同的要求。

二、准备工作

工具、仪表及器材准备如表 2-1-1 所示。

表 2-1-1 工具、仪表及器材

项 目	名 称
工 具	旋具、电烙铁、剪刀
仪 表	万用表
器 材	各种规格的软线和紧固件、金属软管、编码套管等

三、实施步骤

1. 分辨 DA98 型接口端子配置

图 2-1-6 为 DA98 型伺服驱动器接口端子配置。其中 TB 为端子排；CN1 为 DB44

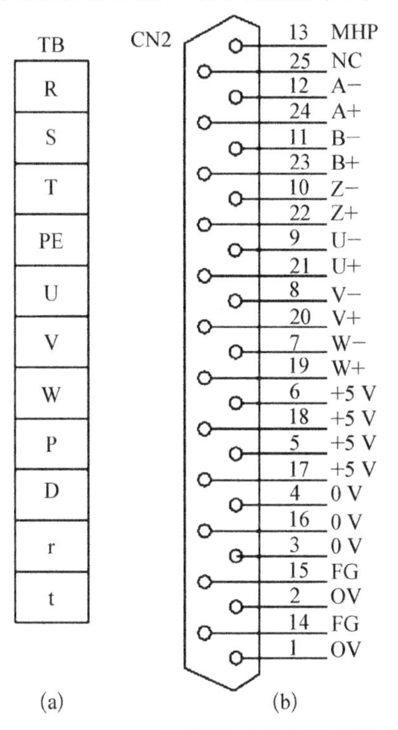

图 2-1-6 DA98 伺服驱动器接口端子配置

(a) TB 端子排 (b) DB25 接插件

接插件，插座为针式，插头为孔式；CN2 为 DB25 接插件，插座为孔式，插头为针式。

（1）电源端子 TB。电源端子 TB 各引脚功能如表 2－1－2 所示。

表 2－1－2　电源端子 TB 各引脚功能

端子号	端子记号	信号名称	功　　能
TB－1	R	主回路电源 单相或三相	主回路电源输入端子 ～220 V　50 Hz 注意：不要同电机输出端子 U、V、W 连接
TB－2	S		
TB－3	T		
TB－4	PE	系统接地	接地端子 接地电阻<100 Ω 伺服电机输出和电源输入公共一点接地
TB－5	U	伺服电机输出	伺服电机输出端子 必须与电机 U、V、W 端子对应连接
TB－6	V		
TB－7	W		
TB－8	P	备用	
TB－9	D	备用	
TB－10	r	控制电源 单相	控制回路电源输入端子 ～220 V　50 Hz
TB－11	T		

注意：必须按端子电压和极性接线，防止设备损坏或人身伤害。

（2）控制端子 CN1。控制信号输入/输出端子 CN1 各引脚功能如表 2－1－3 所示。

表 2－1－3　控制端子 CN1 各引脚功能

端子号	信 号 名 称	端 子 记 号			颜色	功　　能
		记号	I/O	方式		
CN2－5 CN2－6 CN2－17 CN2－18	电源输出＋	＋5 V				伺服电机光电编码器用＋5 V电源；电缆长度较长时，应使用多根芯线并联
CN2－1 CN2－2 CN2－3 CN2－4 CN2－16	电源输出－	OV				
CN2－24	编码器 A＋输入	A＋	Type4			与伺服电机光电编码器 A＋相连接
CN2－12	编码器 A－输入	A－				与伺服电机光电编码器 A－相连接
CN2－23	编码器 B＋输入	B＋	Type4			与伺服电机光电编码器 B＋相连接
CN2－11	编码器 B－输入	B－				与伺服电机光电编码器 B－相连接

（续表）

端子号	信号名称	端子记号			颜色	功　　能
		记号	I/O	方式		
CN2-22	编码器 Z+输入	Z+	Type4			与伺服电机光电编码器 Z+相连接
CN2-10	编码器 Z−输入	Z−				与伺服电机光电编码器 Z−相连接
CN2-21	编码器 U+输入	U+	Type4			与伺服电机光电编码器 U+相连接
CN2-9	编码器 U−输入	U−				与伺服电机光电编码器 U−相连接
CN2-20	编码器 V+输入	V+	Type4			与伺服电机光电编码器 V+相连接
CN2-8	编码器 V−输入	V−				与伺服电机光电编码器 V−相连接

(3)反馈信号端子 CN2。反馈信号输入/输出端子 CN2 各引脚功能如表 2-1-4 所示。

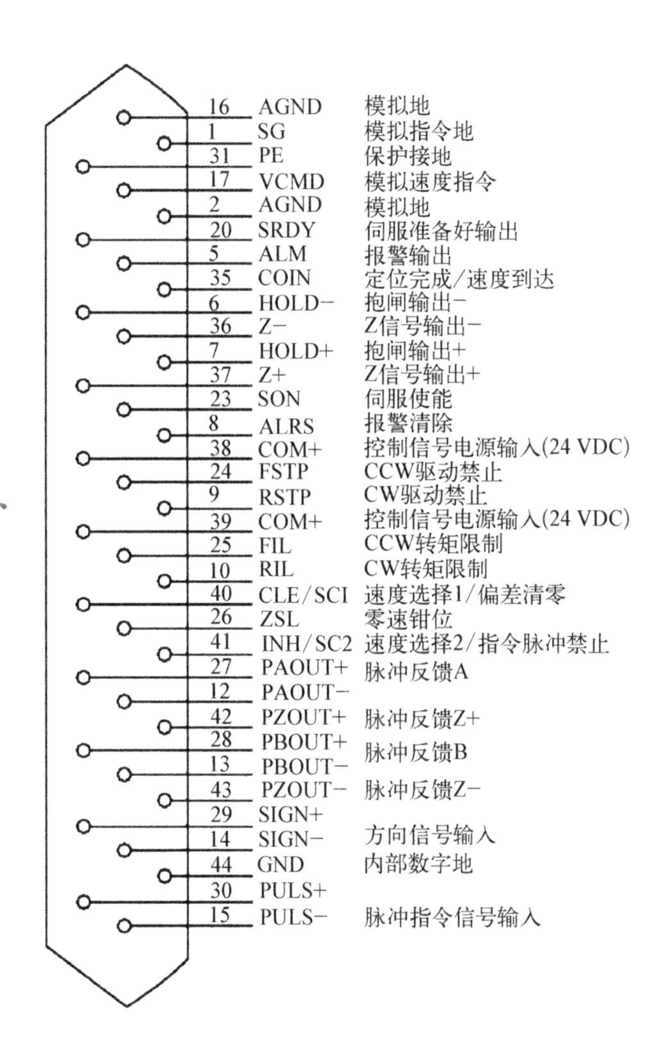

表 2-1-4 反馈信号输入/输出端子 CN2 各引脚功能

端子号	信号名称	记 号	I/O	方式	功 能
CN1-38 CN1-39	输入端子的电源正极	COM+	Typel		输入端子的电源正极 用来驱动输入端子的光电耦合器 DC12～24 V,电流≥100 mA
CN1-23	伺服使能	SON	Typel		伺服使能输入端子 SON ON：允许驱动器工作 SON OFF：驱动器关闭,停止工作,电机处于自由状态 注 1：当从 SON OFF 打到 SON ON 前,电机必须是静止的； 注 2：打到 SON ON 后,至少等待 50 ms 再输入命令
CN1-8	报警清除	ALRS	Typel		报警清除输入端子 ALRS ON：清除系统报警 ALRS OFF：保持系统报警 注 1：对于故障代码大于 8 的报警,无法用此方法清除,需要断电检修,然后再次通电
CN1-24	CCW 驱动禁止	FSTP	Typel		CCW(逆时针方向)驱动禁止输入端子 FSTP ON：CCW 驱动允许 FSTP OFF：CCW 驱动禁止 注 1：用于机械超限,当开关 OFF 时,CCW 方向转矩保持为 0 注 2：可以通过多数 No.20 设置屏蔽此功能,或永远使开关 ON
CN1-9	CW 驱动禁止	RSTP	Typel		CW(顺时针方向)驱动禁止输入端子 RSTP ON：CW 驱动允许 RSTP OFF：CW 驱动禁止 注 1：用于机械超限,当开关 OFF 时,CW 方向转矩保持为 0 注 2：可以通过多数 No.20 设置屏蔽此功能,或永远使开关 ON
CN1-40	偏差计数器清零	CLE	Typel	P	位置偏差计数器清零输入端子 CLE ON：位置控制时,位置偏差计数器清零
	速度选择 1	SC1	Typel	S	速度选择 1 输入端子 在速度控制方式下,SC1 和 SC2 的组合用来选择不同的内部速度 SC1 OFF，SC2 OFF：内部速度 1 SC1 ON，SC2 OFF：内部速度 2 SC1 OFF，SC2 ON：内部速度 3 SC1 ON，SC2 ON：内部速度 4 注：内部速度 1～4 的数值可以通过参数修正

（续表）

端子号	信号名称	记　号	I/O	方式	功　　能
CN1-41	指令脉冲禁止	INH	Type1	P	位置指令脉冲禁止输入端子 INH ON：指令脉冲输入禁止 INH OFF：指令脉冲输入有效
	速度选择 2	SC2	Type1	S	速度选择 2 输入端子 在速度控制方式下，SC1 和 SC2 的组合用来选择不同的内部速度 SC1 OFF，SC2 OFF：内部速度 1 SC1 ON：SC2 OFF：内部速度 2 SC1 OFF，SC2 ON：内部速度 3 SC1 ON，SC2 ON：内部速度 4
CN1-25	CCW 转矩限制	FIL	Type1		CCW（逆时针方向）转矩限制输入端子 FIL ON：CCW 转矩限制在参数 No.36 范围内 FIL OFF：CCW 转矩限制不爱参数 No.36 限制 注 1：不管 FIL 有效还是无效，CCW 转矩还受参数 No.34 限制，一般参数 No.34＞参数 No.36
CN1-10	CW 转矩限制	RIL	Type1		CW（顺时针方向）转矩限制输入端子 RIL ON：CW 转矩限制在参数 No.37 范围内 RIL OFF：CW 转矩限制不受参数No.37 限制 注 1：不管 RIL 有效还是无效，CW 转矩还受参数 No.35 限制，一般参数 No.351＞1 参数 No.371
CN1-20	伺服准备好输出	SRDY	Type2		伺服准备好输出端子 SRDY ON：控制电源和主电源正常，驱动器没有报警，伺服准备好输出 ON SRDY OFF：主电源未合或驱动器有报警，伺服准备好输出 OFF
CN1-5	伺服报警输出	ALM	Type2		伺服报警输出端子 ALM ON：伺服驱动器无报警，伺服报警输出 ON ALM OFF：伺服驱动器有报警，伺服报警输出 OFF
CN1-35	定位完成输出	COIN	Type2	P	定位完成输出端子 COIN ON：当位置偏差计数器数值在设定的定位范围时，定位完成输出 ON

（续表）

端子号	信号名称	记　号	I/O	方式	功　　能
CN1－35	速度到达输出	SCMP	Type2	S	速度到达输出端子 SCMP ON：当速度到达或超过设定的速度时，速度到达输出 ON
CN1－32 CN1－33	输出端子的公共端	DG	公共端		控制信号输出端子(除 CZ 外)的地线公共端
CN1－37	编码器 Z 相输出	CZ	Type2		编码器 Z 相输出端子 伺服电机的光电编码 Z 相脉冲输出 CZ ON：Z 相信号出现
CN1－26	零速钳位	ZSL	Type1		ZSL ON：伺服驱动器不受模拟电压控制，输出零速度 ZSL OFF：伺服驱动器受模拟电压控制
CN1－36	指令脉冲 PLUS 输入	CZCOM	Type3	P	编码器 Z 相输出端子的公共端 外部指令脉冲输入端子 注 1：由参数 PA14 设定脉冲输入方式 ① 指令脉冲＋符号方式 ② CCW/CW 指令脉冲方式
CN1－30		PLUS＋			
CN1－15		PLUS－			
CN1－29	指令脉冲 SIGN 输入	SIGN＋	Type3	P	
CN1－14		SIGN－			
CN1－31	屏蔽地线	FG			屏蔽地线端子
CN1－2 CN1－16	模拟地	AGND		S	模拟地
CN1－17	输入模拟指令	VCMD	Type4	S	输入模拟指令＋－10 V 输入阻抗 20 K
CN1－1	输入模拟指令地	SG		S	
CN1－7	抱闸输出正端	HOLD＋	Type2	S/P	漏极开路输出，正常工作时，光藕导通，输出 ON 没使能，驱动禁止，报警时，光藕截止，输出 OFF
CN1－6	抱闸输出负端	HOLD－		S/P	
CN1－27	码盘脉冲 A＋	PAOUT＋	Type5	S	编码器反馈输出信号，标准为 2 500/线 可通过输出 PA41，PA42 电子齿轮调整输出线速，例：编码器每圈 2 500 个脉冲，设 PA41/42＝4/5 则从驱动单元输出的 A，B 相信号为 2 500X PA41/PA42＝2 000 个脉冲/圈
CN1－12	码盘脉冲 A－	PAOUT－		S	
CN1－28	码盘脉冲 B＋	PBOUT＋			
CN1－13	码盘脉冲 B－	PBOUT－			
CN1－42	码盘脉冲 Z＋	PZOUT＋			电机一转输出一个脉冲
CN1－43	码盘脉冲 Z－	PZOUT－			

2. 准备DA98型驱动器标准配线

1) 电源端子TB

(1) 线截面积：R、S、T、PE、U、V、W端子，线截面积≥1.5 mm^2(AWG14－16)，r、t端子，线截面积≥1.0 mm^2(AWG16－18)。

(2) 接地：接地线应尽可能粗一点，驱动器与伺服电机在PE端子一点接地，接地电阻<100 Ω。

(3) 端子连接采用SVM2－4预绝缘冷压端子，务必连接牢固。

(4) 建议由三相隔离变压器供电，减少电击伤人的可能性。

(5) 建议电源经噪声滤波器提供电，提高抗干扰能力。

注意：安装非熔断型(NFB)断路器非常重要，可以使驱动器故障时能及时切断外部电源。

2) 控制信号CN1、反馈信号CN2

(1) 线材选择：采用屏蔽电缆(最好选用绞合屏蔽电缆)，线芯截面积≥0.12 mm^2 (AWG24－26)，屏蔽层须接FG端子。

(2) 线缆长度：线缆长度尽可能短，控制CN1电缆不超过3米，反馈信号CN2电缆长度不超过20米。

(3) 布线：远离动力线路布线，防止干扰串入。

注意：相关线路中的感性元件(线圈)要安装浪涌吸收元件：直流线圈反向并联续流二极管，交流线圈并联阻容吸收回路。

3. 绘制伺服驱动系统电气原理图

伺服驱动系统电气控制总电路如图2－1－7所示，CNC与DA98型驱动器信号接线如图2－1－8所示。

4. 分析电气控制原理

合上QF1，电源接入到隔离变压器后，供电给伺服驱动器。

数控装置发出的控制信号通过CN1－10、CN1－6、CN1－10和CN1－7脚，使伺服驱动器获得指令脉冲，然后供给伺服电动机变化的电压，使伺服电动机旋转。这时，编码器开始输出脉冲，伺服驱动器将编码器反馈的脉冲和运动控制卡发出的脉冲相比较，根据电动机的旋转角度来调整伺服驱动器输给电动机的电压，直到编码器的计数脉冲和电动机控制卡的发出脉冲相等时，伺服电动机才停止运行。

5. 选择所需用的电气元器件

除GSK218M－CNC外，步进驱动系统电气控制所需主要元器件如表2－1－5所示。

6. 安装连接

1) 安装伺服电动机

(1) SJT系列伺服电动机采用凸缘安装方式，伺服电动机安装方向任意，但要防止水油等溅入。

(2) 拆装带轮时，不可敲击伺服电动机或伺服电动机轴，防止损坏编码器，应采用螺

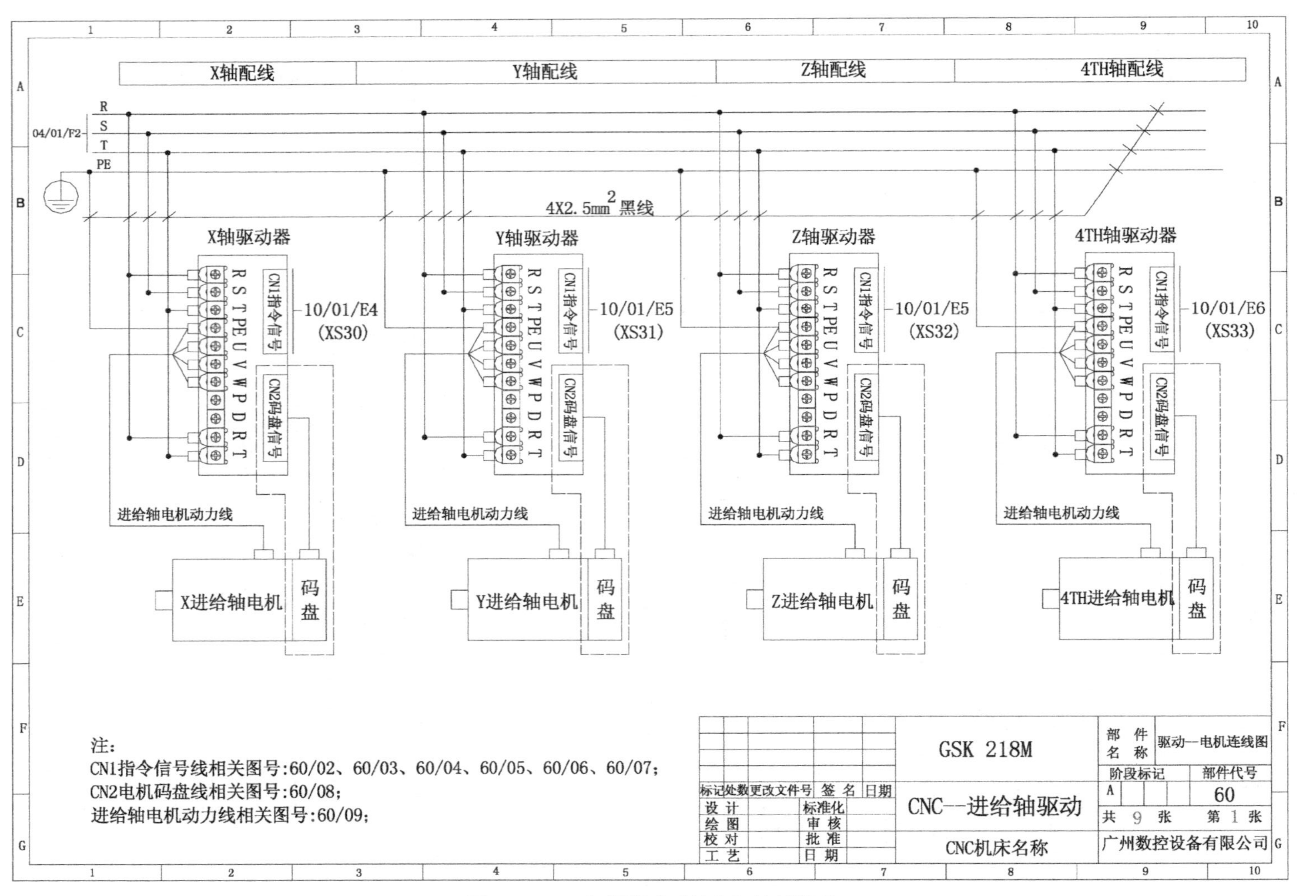

图2-1-7 伺服驱动系统电气控制原理

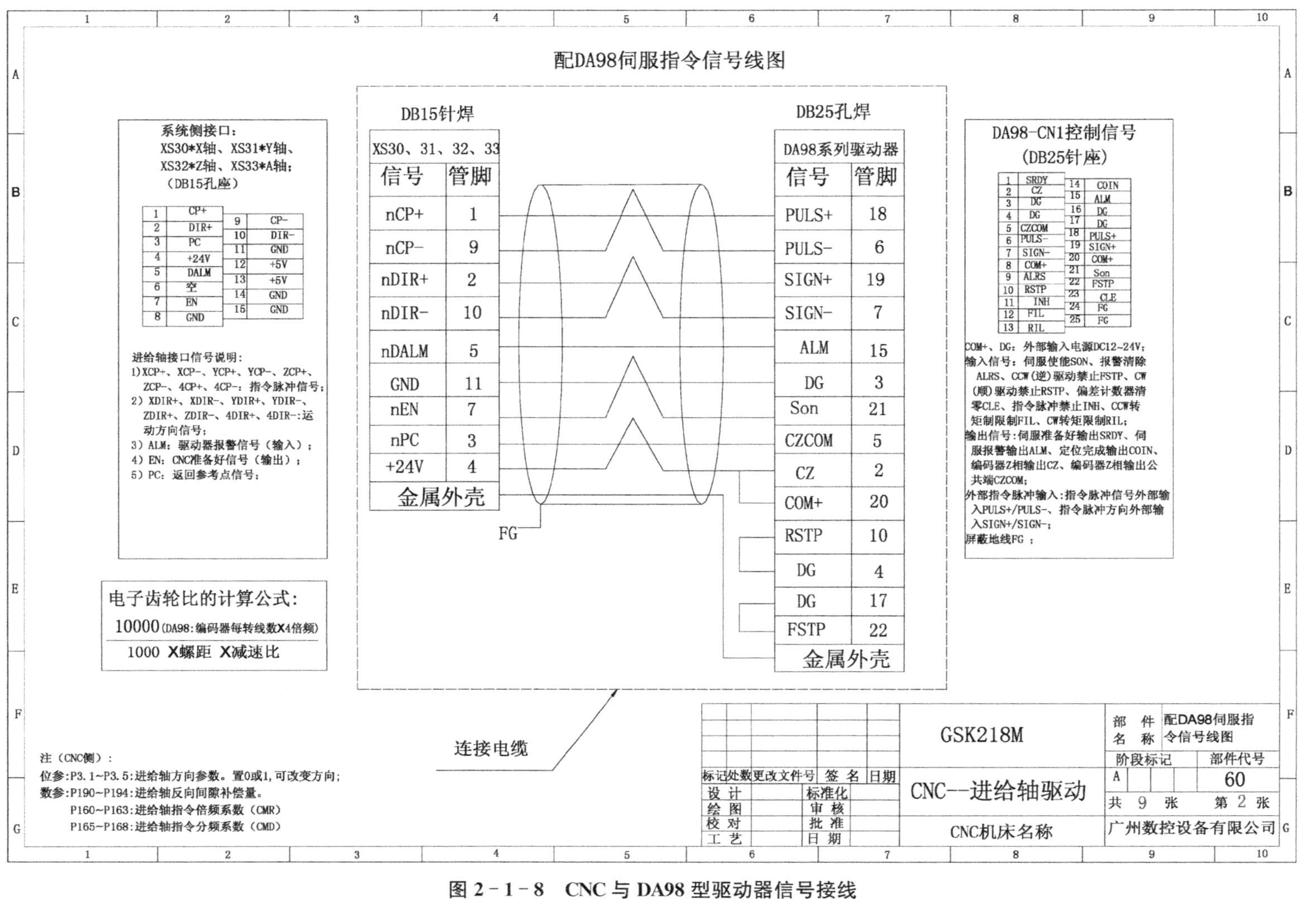

图 2-1-8 CNC 与 DA98 型驱动器信号接线

表 2-1-5 伺服驱动部分电气元器件明细

代号	名称	型号	规格	数量	用途
Mx	交流伺服电动机	13SJT-M100D	2.5 kW,10 A,2 500 r/min	1	X 轴进给传动
Mz	交流伺服电动机	13SJT-M150D	3.9 kW,15 A,2 500 r/min	1	Z 轴进给传动
DA98A	伺服电动机驱动器	DA98D-130SJT-M100D		1	X 驱动伺服电动机
DA98A	伺服电动机驱动器	DA98D-130SJT-M150D		1	Z 驱动伺服电动机
X30	连接伺服驱动器插头	GSK218M	DB15 针		X 轴
	滤波器	FN2060-6-06	AC220V	1	滤波
X31	连接伺服驱动器插头	GSK218M	DB15 针		Z 轴
QF1	漏电断路器	DZ15LE-40/3901	40 A	1	电源开关
TX	隔离变压器	SGG 单相系列	输入 AC380 V 输出 AC220 V	1	隔离电源
	CN1 插头		DB44 孔	1	信号接口
	CN2 插头		DB25 针	1	信号接口
	屏蔽电缆	HYAT	16×02		连接电路

旋式压拔工具拆装。

(3) SJT 系列伺服电动机不可承受大的轴向、径向负荷,建议选用弹性联轴器连接负载。

(4) 固定伺服电动机时需用止松垫圈紧固,以防止伺服电动机松脱。伺服电动机必须可靠接地。

2) 安装驱动器

(1) 伺服驱动器自身结构无防护,因此,必须安装在防护良好的电柜内,并防止接触腐蚀性、易燃性气体,防止导电物体、金属粉尘、油雾及液体进入内部,环境温度保持在 0~50℃。

(2) 驱动器可采用底板安装方式或面板安装方式安装,安装方向垂直于安装面向上,为保证散热,安装时尽可能留出较大的间隔,电柜内应有对流风吹向驱动器的散热器。

(3) 驱动器电源经隔离变压器及电源滤波器提供,以保证安全性及抗干扰能力。

(4) 驱动器必须可靠接地,驱动器的 PE 端子必须与设备接地端可靠连接。

(5) U、V、W 与电动机绕组一一对应连接,不可反接。

3) 电源连接

(1) 通过电磁接触器将电源接入主电路电源输入端子,三相接 R、S、T,单相接 R、S。

(2) 控制电路的电源 r、t 与主电路电源同时或先于主电路电源接通,如果仅接通控制电路的电源,伺服准备好信号(SRDY)OFF。

(3) 主电路电源接通后，约延时 1.5 s，伺服准备好信号(SRDY)ON，此时可以接受伺服使能(SON)信号，检测到伺服使能有效，驱动器输出有效，电动机激励，处于运行状态。检测到伺服使能无效或有报警，基极电路关闭，电动机处于自由状态。

(4) 当伺服使能与电源一起接通时，基极电路大约在 1.5 s 后接通。

(5) 若频繁接通、断开电源，可能会损坏软启动电路和能耗制动电路，接通、断开的频率最好限制在每小时 5 次、每天 30 次以下。如果因为驱动器或电动机过热，在将故障原因排除后，还要经过 30 min 冷却，才能再次接通电源。

4) 编码器电缆连接

连接电动机与驱动器接口。

5) 控制信号端子连接

连接驱动器与数控装置。

7. 检测通电调试

1) 自检

(1) 检查电源端子 TB 接线是否正确、可靠，输入电压是否正确。

(2) 检查电源线、伺服电动机线有无短路或接地。

(3) 检查编码器电缆连接是否正确牢固。

(4) 检查控制信号端子是否已连接准确，电源极性和大小是否正确。

(5) 检查伺服驱动器和伺服电动机是否固定牢固。

(6) 检查伺服电动机轴是否未连接负载。

(7) 检查电源变压器的进出线顺序。例如，伺服变压器、220 V 控制变压器、110 V 控制变压器等。

2) 通电试运行

必须检查确认接线无误后，才能接通电源。

(1) 连接 CN1，使伺服使能(SON)OFF。

(2) 接通控制电路电源(主电路电源暂时不接)，驱动器的显示器点亮，如果有报警出现，检查连线。

(3) 将控制方式选择(参数 No.4)设置为位置运行方式(设置为 0)，根据控制器输出信号方式设置参数 No.14，并设置合适的电子齿轮比(No.12、No.13)。

(4) 接通主电路电源。

(5) 确认没有报警和任何异常情况后，使伺服使能(SON)ON，这时电动机激励，处于零速状态。

(6) 操作位置控制器输出信号至驱动 CN1 - 6、CN1 - 10、CN1 - 7、CN1 - 10 脚，使伺服电动机按指令运转。

注意：在伺服驱动器及伺服电动机断电后 5 min 内不得触摸，以防止电击；伺服驱动器及伺服电动机运行一段时间后，可能有较高温升要防止被灼伤；建议电源经噪声滤波器供电，以提高抗干扰能力；控制信号 CN1、反馈信号 GN2 屏蔽层须接 FG 端子；端子连接采用 SVM2－4 预绝缘冷压端子，务必连接牢固；伺服驱动器故障报警后，重新启动之前须确认故障已排除、SON 信号无效；试运行时伺服驱动器 SON(伺服使能)须有效，CW、CCW 驱动禁止须无效；电缆及导线须固定好，并避免靠近驱动器散热器和电动机，以免因受热降低绝缘性能。

8. 故障检修

当进给伺服系统出现故障时，通常有三种表现形式：一是在 CRT 或操作面板上显示报警内容或报警信息；二是在进给伺服驱动单元上用报警灯或数码管显示驱动单元的故障；三是运动不正常，但无任何报警。在电路中人为设置故障，让学生观察故障现象，分析故障原因并正确排除故障。伺服驱动系统常见故障及维修如表 2－1－6 所示。

表 2－1－6 伺服驱动系统常见故障及维修

故障现象	故障原因	故障处理
驱动器引起加工尺寸不稳定	伺服驱动器的参数设置不当，增益系数设置不合理	参照 DA98 说明书修改增益参数
	伺服驱动器发送的信号丢失，造成驱动失步	通过伺服驱动器上的脉冲数显示或是打百分表判断
	伺服驱动器发送信号干扰所致，导致失步	加装屏蔽线，加装抗干扰电容器
	驱动处于高温环境，没有采取较好的散热措施，导致加工尺寸不稳定，同时也可能导致驱动内部参数变化，引发故障	保证良好的散热通风环境，适当的温度是保证加工性能的重要因素
	伺服驱动器扭矩不够或伺服电动机扭矩不够	更换伺服驱动器或伺服电动机，使扭矩符合实际需要
	伺服驱动器的驱动电流不够	调大驱动电流仍不能满足要求，则需更换伺服驱动器
	伺服驱动器损坏伺服驱动器	送厂维修
伺服驱动器报警	见手册“DA98D 型驱动器报警及处理方法”	见手册“DA98D 型驱动器报警及处理方法”
	系统使用 DA98 型伺服驱动器，由于驱动原因使系统产生驱动报警，同时伺服驱动器也出现报警	查阅 DA98 型伺服驱动器使用说明书，根据驱动器显示的报警代号确定故障原因，依据指导方法进行故障处理
	伺服电动机插头、插座进水进油受潮导致接口烧毁等；伺服电动机绝缘性能损坏造成伺服驱动器功放管击穿短路，引起的伺服驱动器报警；伺服电动机损坏引起的伺服驱动器报警	若是插座接口进水，则更换插头或插座，并做好防水绝缘措施 若是伺服驱动器功放管击穿，则更换伺服驱动器功放管并更换绝缘性能好的伺服电动机 若检查伺服电动机有损坏，则将伺服电动机与伺服驱动器断开，让驱动器不带伺服电动机运转，同时修改系统对应的伺服电动机高低电平选择参数 若不再出现报警，则为伺服电动机损坏或伺服电动机内部短路所致

（续表）

故障现象	故障原因	故障处理
伺服驱动器报警	伺服驱动器与伺服电动机搭配不当，如用大电流的伺服驱动器驱动小电流的伺服电动机	更换伺服驱动器或伺服电动机型号，使两者相互匹配。伺服驱动器则必须与伺服电动机功率匹配
	伺服驱动器不工作引起的系统报警	检查伺服驱动器的供电回路，查看电路是否存在断路或元器件损坏，从而导致伺服驱动器无供电电源 检查伺服电动机内部是否短路造成伺服驱动器的熔断器或功放管损坏而使驱动器无供电电源 若是伺服驱动器供电电源电路故障，则需将伺服驱动器返厂维修

四、评分标准

序号	项　目	考核内容及要求	得分	评分标准	检测结果	得分
1	伺服驱动系统控制原理图	(1) 电气控制总图	20	(1) 绘图不正确，每处扣10 (2) 绘图不完整，每处扣5分		
		(2) 伺服电动机编码器信号部分	10			
		(3) 系统信号电路部分	8			
2	元器件清单	(1) 元件选择完整 (2) 元件容量选择	8	(1) 元件选择不完整，每一处扣2分 (2) 元件容量选择不正确，每一处扣2分		
3	电气连接	(1) 元件布局 (2) 接线工艺	20	(1) 元器件布局不合理，每一处扣2分 (2) 导线选择不合理，每一处扣2分 (3) 接线工艺不合理，每一处扣2分 (4) 伺服电动机线和电源线 接线不牢固，每一处扣5分 (5) 漏接接地线，扣8分 (6) 损坏元件，每只扣5～15分		

（续表）

序号	项　目	考核内容及要求	得分	评 分 标 准	检测结果	得分
4	结果验证及故障排除	(1) 驱动轴不转动 (2) 驱动轴正反转 (3) 驱动轴速度选择	30	(1) 驱动轴不转动，本项不得分 (2) 不能正反转，扣10分 (3) 驱动轴不能改变速度，扣10分		
5	安全文明生产	应符合国家安全文明生产的有关规定	4	违反安全操作的有关规定，不得分		

任务2　进给系统机械安装与调试

任务导入

电动机是机械十字滑台的动力源，电动机通过联轴器与滚珠丝杠相连接，带动丝杠一起旋转，丝杠螺母将旋转运动转换为直线运动，驱动移动平台在直线导轨副上做直线往复运动。图2-2-1为伺服电动机与联轴器实物装配。

图2-2-1　伺服电动机与联轴器实物装配

任务目标

(1) 能够根据工艺要求安装伺服电机与联轴器。

(2) 能够熟练使用游标卡尺。

(3) 联轴器与伺服电机、滚珠丝杠的轴向安装距离的调试。

任务分析

伺服电动机通过伺服电动机安装板安装在伺服电动机支座上，伺服电动机与联轴器组件主要由伺服电动机、伺服电动机安装板、联轴器和紧固螺钉等组成，如图 2-2-2 所示。

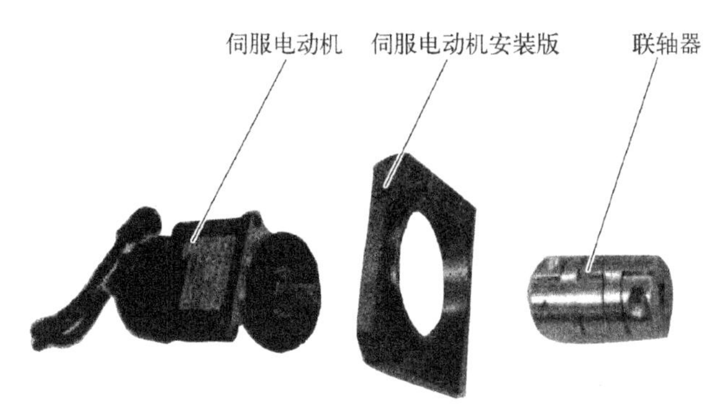

图 2-2-2 伺服电动机与联轴器组件实物

联轴器是连接不同机构中的两根轴（主动轴和从动轴），使之共同旋转以传递扭矩的机械零件。在本任务中采用的是梅花形弹性联轴器，它由两个金属爪盘和一个弹性体组成，如图 2-2-3 所示。

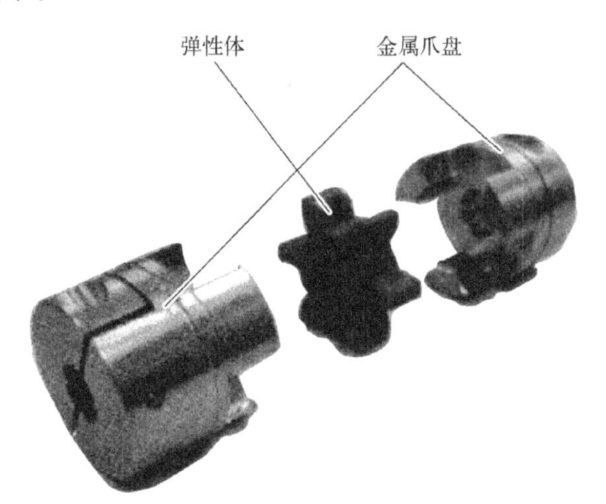

图 2-2-3 梅花形弹性联轴器

任务实施

一、准备工作

伺服电机、伺服电机安装板、联轴器、内六角圆柱头螺钉、平垫圈、弹簧垫圈等。

二、实施步骤

1. 机床三轴伺服电机安装

序号	作 业 流 程	注 意 事 项	工 量 具
1	机床工作台调水平，请参照《钳工水平仪使用指导书》来调整机床的支撑螺栓，使机床工作台与地面处于水平状态	调整完成后，锁紧固定螺母	钳工水平仪 劳动扳手 十字螺丝批
2	将伺服电机型号及编号对应填写在《机床配置记录表》上		吸尘吸水机 自制胶棒 开口扳手
3	拆去 X 轴及 Y 轴电机座顶面的盖板	盖板拆后，应检查清楚电机座漏油孔是否堵塞，其应处于通孔状态且无堵塞	游标卡尺 扭力扳手 内六角扳手
4	用柴油清洗法兰板及负载轴(图 1 为 X 轴电机座盖板拆去后)，再电机座清洁，确保电机座里面无异物；法兰板及负载轴干净、无锈迹等现象		
5	将密封圈开口面背向电机分别套入 X 轴、Y 轴 AC 伺服电机轴，用自制胶棒使密封圈套牢，且应使 N 面平行于 AC 伺服电机 M 面，如图 2 所示	应确认好三轴各所用的 AC 伺服电机，因为 Z 轴无须配用密封圈	
6	用开口扳手松开联轴器 $\phi35$ 端的 6－M6 外六角螺钉	(1) 松开螺钉是为了使联轴器能顺利套进 AC 伺服电机轴，同时为了安装方便快捷，故螺钉不需取下来 (2) 联轴器两端的 3－M4 螺钉由始至终应处于锁紧状态	
7	把联轴器 $\phi35$ 端套进 AC 伺服电机轴，套进距离以电机轴端面为基准，到联轴器另一端 H 面深度为39 mm，如图 3、图 4 所示		

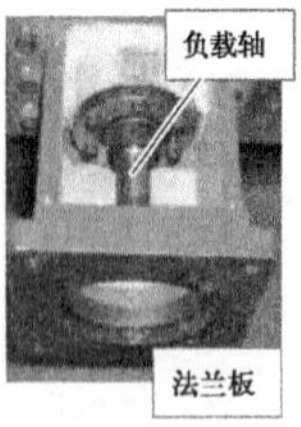

负载轴 法兰板

图1

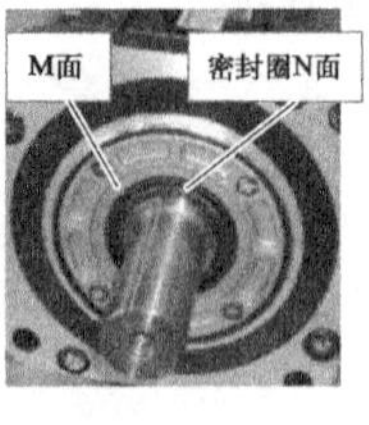

M面 密封圈N面

图2

安装尺寸定位 联轴器$\phi35$端套进AC伺服电机轴

图3

H面

图4

（续表）

序号	作 业 流 程	注 意 事 项	工 量 具
8	尺寸定好后，将联轴器固定于 AC 伺服电机轴上 $\phi35$ 端 6 - M6 外六角螺钉先预拧紧，再用扭力扳手，按如图 5 所示上紧	扭力扳手是预先设好扭力的定力工具，上紧螺钉的旋向应与扭力扳手的设定方向一致，当扭力达到设定值时，就会发出“哒”的一声响，此时不能再扭了，防止产生因受力不均匀而扭曲联轴器，造成再次难拆卸现象	
9	用开口扳手分别松开三轴的联轴器 $\phi24$ 端的 6 - M6 外六角螺钉，如图 6 所示	松开螺丝是为了使联轴器能顺利套进负载轴，故不需将螺钉取下	
10	由于机床上对 AC 伺服电机的电源线、编码器线布置位置不同，故 X 轴（如图 7 所示，人正对向着法兰板观察）联轴器 $\phi24$ 端对准负载轴套进，至紧贴法兰板，然后按图 8 所示的要求，用 4 - M12×40 内六角螺钉加垫圈将 AC 伺服电机与法兰板对角锁紧固定	（1）三轴 AC 伺服电机的规格不一致：X 轴用的是 1.3 kW、Y 轴是2 kW、Z 轴是 2 kW 带刹车，三轴所用都是广数伺服电机 （2）联轴器应与丝杆锁紧圈一般都留有 5～6 mm 的位置，方便拆卸	
11	Y 轴及 Z 轴的安装方法相同，但其电源线、编码器线的布置不同：Y 轴的向下（人正向对着法兰板观察）、Z 轴的向后（人站在机床前观察）方向		
	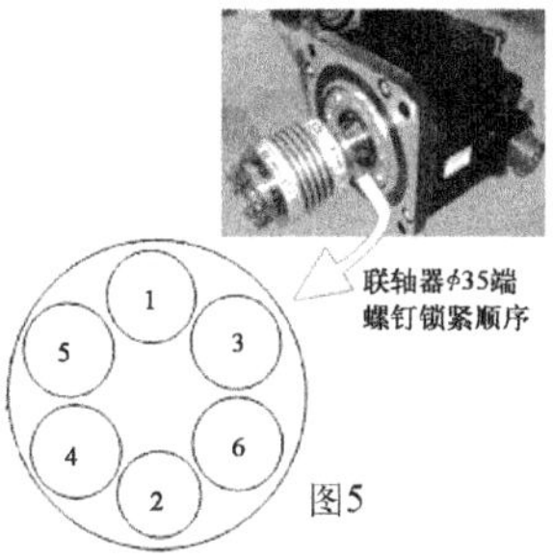 联轴器$\phi35$端螺钉锁紧顺序 图5 联轴器$\phi24$端 图6 AC伺服电机固定螺钉锁紧顺序；图为X轴AC伺服电机装上后其电源插座、编码线插座向着左边 图7 螺钉锁紧要求：每件螺钉受力应一致 图8		
12	将支承架与主轴箱底边连接的外六角螺钉松开，直至与主轴箱底边无连接，如图 9 所示		
13	工作台与滑鞍座的所有固定角铁（见图 10）拆除		

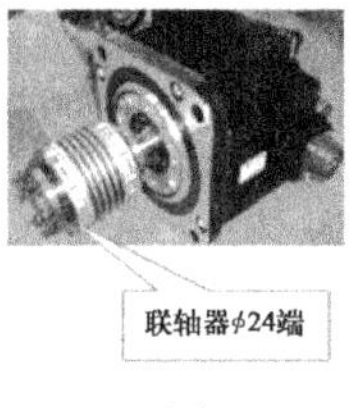

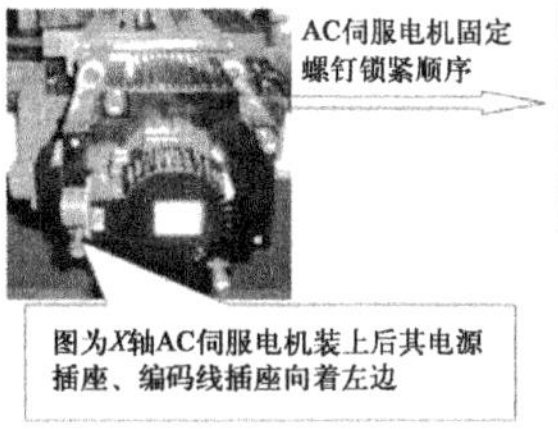

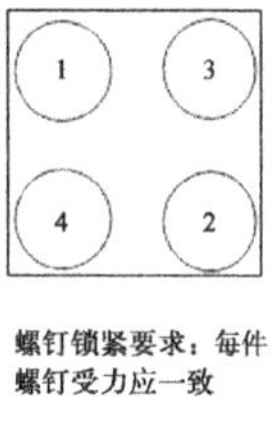

（续表）

序号	作业流程	注意事项	工量具
14	将机床三轴AC伺服电机与驱动控制台连接至上电（该步是为机床几何精度初检作准备）；将数控系统选取手轮模式，边向正向驱动 Z 轴边用扭力扳手将 Z 轴联轴器 $\phi 24$ 端的6-M6外六角螺钉按如图11所示方法锁紧；锁紧 Z 轴联轴器 $\phi 24$ 端时应注意 Z 轴只能向正方向驱动	由于锁紧螺钉过程中必须驱动AC伺服电机来完成，故在操作中应注意个人及他人安全	
15	X 轴及 Y 轴联轴器 $\phi 24$ 端锁紧方法与 Z 轴的相同	X 轴及 Y 轴联轴器 $\phi 24$ 端螺钉的锁紧必须在主轴箱的固定支架拆除之后进行，即应在平衡锤与主轴箱间链条的调整工序完成之后进行，以防拉伤丝杆及其他配件	
16	三轴AC伺服电机接线：请参照《AC伺服电机及行程开关的接线》完成		
17	分别将 X 轴及 Y 轴电机座顶面的盖板按原位置装回锁紧		
 外六角螺钉 图9　　固定角铁　固定角铁 图10　　Z轴联轴器 $\phi 24$ 端螺钉锁紧顺序 图11			

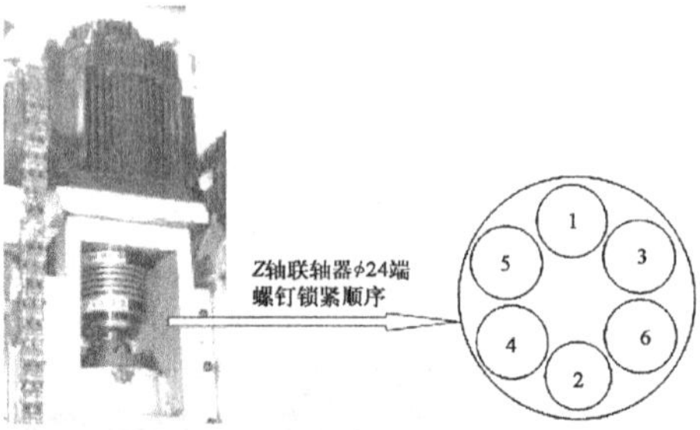

2. 三轴伺服电机及行程开关的接线

序号	作业流程	注意事项	工量具
一、X 轴电机及 X 轴行程开关的接线		该步应在水盘及穿线盒、穿线管安装完成后再进行安装	十字螺丝批 一字螺丝批 尖嘴钳
1	将 X 轴电机电源线、编码器线（标有线码ML01、ML02）穿过中管（标有 X 轴标识），将电源线插头、编码器插头对号插入AC伺服电机，如图1所示	插头连接时应锁紧，防止接触不良产生误动作	剥线钳 开口扳手

（续表）

序号	作业流程	注意事项	工量具
2	将 X 轴电机电源线、编码器线一并穿入中管(备好的)		
3	如图 2 所示，X 轴行程开关线沿 X 轴丝杆(与丝杆等运动部件无涉)走线，由 B 出口(已打好的 ϕ12 mm 通孔)出来，后与 X 轴电机电源线、编码器线并在一起用扎带扎紧，大约 150 mm 扎一次，共扎十次；再穿入穿线盒、穿线管；最后用 R 型带加扎带将其固定在滑鞍座上，如图 2 所示		
4	所有线进入穿线管后还应经出线盖、大管接头 E、大管 F、大管接头 G，才进入电柜，如图 3 所示		
5	与电柜的连接，请参照《数控底板接线说明》		
 图1 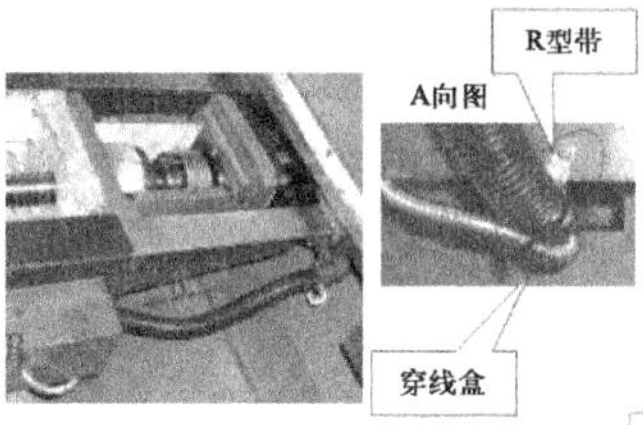　图2 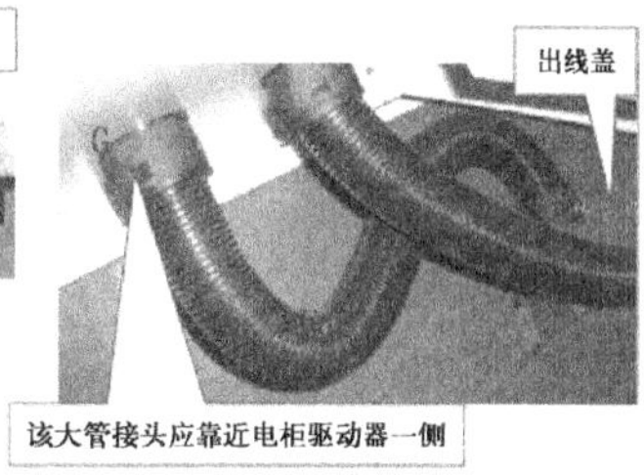　图3			
二、Y 轴电机及 Y 轴行程开关的接线			
1	将 Y 轴电机电源线(ML04)、编码器线(ML05)一并穿入中管(长 1.3 m)，再与伺服电机对应连接锁紧；最后走底座上靠 Y 轴右导轨侧，要求并用扎带加螺钉固定，如图 4 所示	Y 轴电机电源线及编码器线与行程开关线的走线应与 Y 轴丝杆等运动部件无干涉	
2	将 Y 轴行程开关线标有 MLYZ 及 MLYF 线码的两条线一同穿入已备好的小管(长 1.75 m)；再与 Y 轴电机电源线及编码器线一并扎在一起，经底座工艺孔①(见图 5)出线，再大管、大管接头，进入电柜	Z 轴行程开关线的连接应在坦克带安装之后再进行接线	
3	与电柜的连接，请参照《数控底板接线说明》		

（续表）

序号	作 业 流 程	注 意 事 项	工 量 具
三、Z 轴电机及 Z 轴行程开关的接线			
1	如图 6 所示，将 Z 轴行程开关线穿入小管①(长 0.4 m)，进机头托链座②，穿过坦克带③后进入电柜，接线请参照《数控底板接线说明》		
 图4  图5  图6 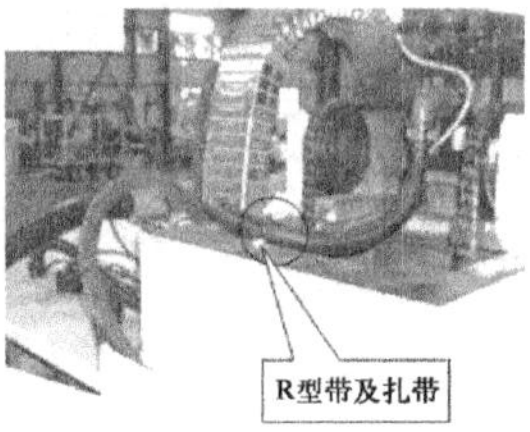 图7			
2	将 Z 轴电机电源线(ML07)及编码器线(ML08)一并穿入中管(长 0.8 m)，对号与伺服电机连接锁紧；再如图 7 所示，布线由电柜顶面的孔(靠 Z 轴驱动器侧)进入电柜；要求在立柱顶面、左侧面合适的位置将线管(用螺钉加 R 型带及扎带)固定		
3	与电柜的连接，请参照《数控底板接线说明》		

3. 三轴行程开关及撞块安装

序号	作 业 流 程	注 意 事 项	工 量 具
1	按安装图纸定好 X 轴行程开关及撞块的安装位置，钻孔并攻牙		内六角扳手 电钻
2	分别将撞块与撞块座板组合锁紧；后与滑鞍座锁紧固定，图 1 为 X 轴正向(位于机床左侧)撞块的安装	如图 4 所示，X 轴撞块的正向应比负向高一个安装位置。即如图 1 所示为正向撞块，其处于撞块座板上位，而负向应反倒安装	丝攻

（续表）

<table>
<tr><th>序号</th><th>作　业　流　程</th><th>注　意　事　项</th><th>工量具</th></tr>
<tr><td>3</td><td>行程开关的正负限位的常闭端子分别与标有 MLXZ 与 MLXF 线码的电线接线后与开关座板组合预拧紧；后安装于已定好的安装位置上，先预拧紧，如图 2 所示，行程开关在 Y 向可调；开关座板在 Z 向可调；调整好触头与正向撞块及负向撞块的位置，确保触头接触充分，限位保护有效后，锁紧固定螺丝</td><td>行程开关与撞块应无干涉现象</td><td></td></tr>
<tr><td>4</td><td>在 X 轴油管托链带的下固定座旁边，如图 1 圈中所示的位置（具体自定）钻 2 - ϕ12 通孔</td><td>孔位置布理当然要合理，且以布线美观无干涉为基本原则</td><td></td></tr>
<tr><td colspan="4">
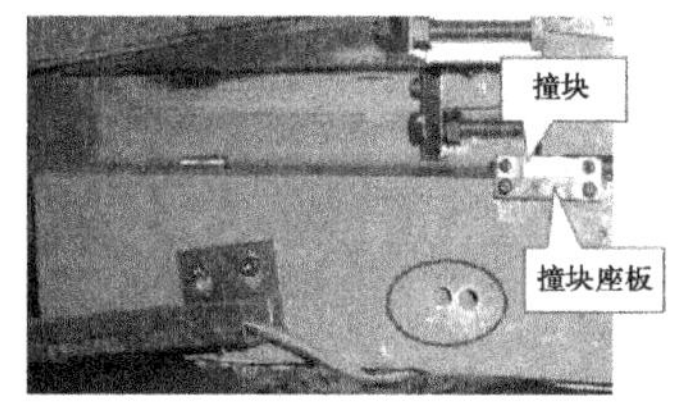

图1
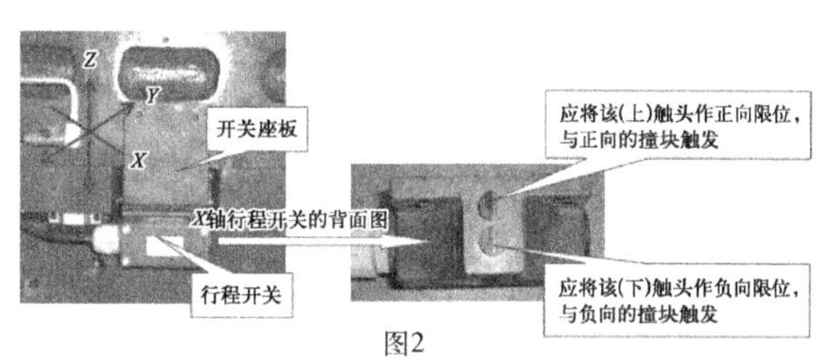

图2
</td></tr>
<tr><td>5</td><td>用蛇形管将行程开关线套住后穿入拖链带，如图 3 所示</td><td></td><td></td></tr>
<tr><td>6</td><td>将 X 轴导轨供油管及行程开关线穿入预先钻好的 2 - ϕ12 孔，经滑鞍座、接线盒至电柜（见图 4①）；锁紧托链带的固定螺丝（见图 4②）；使两线管拉紧至紧贴拖链带后，将拖链带与固定架连接锁紧（见图 4③）；最后用扎带扎好（4 处）线管（见图 4）</td><td>行程开关线及油管进入滑鞍座部分应与运动部件无干涉现象</td><td></td></tr>
<tr><td></td><td>Y 轴行程开关及撞块安装与调整</td><td></td><td></td></tr>
<tr><td>7</td><td>用 2 - M5×20 内六角螺钉将撞块组合上紧，如图 5 所示</td><td></td><td></td></tr>
<tr><td>8</td><td>将行程开关常闭端子分别与标有 MLYZ 与 MLYF 线码的电线接线，后与 T 型架组合用内六角螺钉加垫圈上紧，如图 6 所示</td><td></td><td></td></tr>
</table>

（续表）

序号	作 业 流 程	注 意 事 项	工 量 具
	 托链带　扎带　①②③ 图3 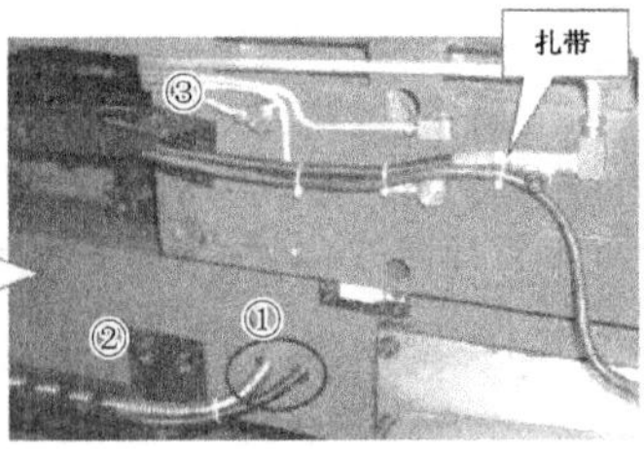　图4 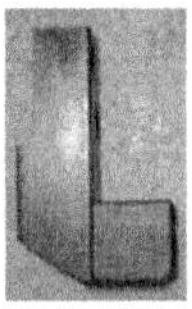　图5 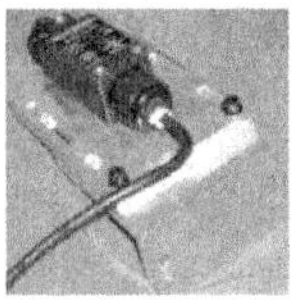　图6		
9	定Y轴前撞块安装位置：将撞块的A面(Z向图)紧贴鞍座前面，再B面紧贴鞍座底面，如图7所示，平移撞块，使其的右边与鞍座供油管头有约5 mm距离。然后用红笔定好安装孔位位置后，钻孔并攻牙。最后用内六角螺钉将撞块上紧，如图7所示		
10	Y轴后撞块的定位及安装与Y轴前撞块安装方法一样	前后撞块与行程开关彼此无干涉，故在安装后撞块时应与前撞块错开一撞块的宽度	
11	如图8所示，以Y轴伺服电机法兰板背面C为基准，移动工作台，使C面到鞍座前面D距离为530 mm时，将装好的负向行程开关T型架放置于底座上，调整好T型架高度，使行程开关触头与鞍座前撞块充分触发，划好T型安装位置，钻孔并攻牙；将开关T型架与底座用内六角螺钉加垫圈锁紧固定；接着开关触发效果调整：即开关与撞块触发时，触头应触及前撞块斜面中间位置，且触头在压紧状态时的接触面应与撞块底面还有1 mm的距离。安装完成后如图9所示	钻孔时，应确保底座不能钻通，否则会造成漏油	
	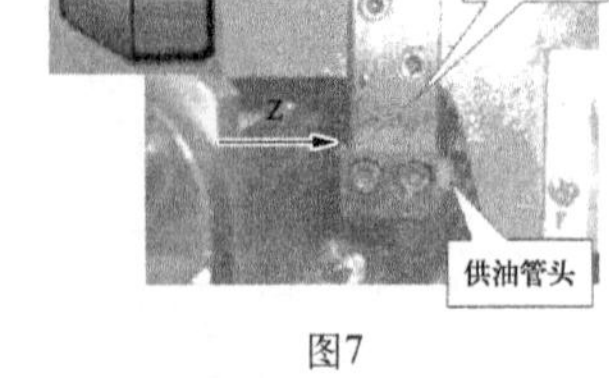 A　B　Z向图　鞍座前面　撞块　Z　供油管头　D　卷尺测量　C　正向行程开关T型架　负向行程开关T型架 图7 　图8 　图9		

（续表）

序号	作 业 流 程	注 意 事 项	工量具
12	如图 8 所示，以 Y 轴伺服电机法兰板背面 C 为基准，移动工作台，使 C 面到 D 面的距离为 250 mm 时，安装负向行程开关，其安装方法与正向行程开关的安装与调整一样。最终如图 9 所示 Z 轴行程开关及撞块安装与调整：该步应先预定位并钻孔、攻牙，待后封板安装后再进行安装	装好行程开关后，运行 Y 轴确保行程开关与丝杆螺母副的油管接头无干涉	
13	将行程开关常闭端子分别与标有 MLZZ 及 MLZF 线码的电线接线后与行程开关盒固定锁紧，如图 10 所示		
14	按安装图纸定好行程开关及撞块的安装位置，并钻孔、攻牙		
15	将行程开关对准安装孔位，用 2－M6×16 内六角螺钉加垫圈预拧紧，如图 11 所示		
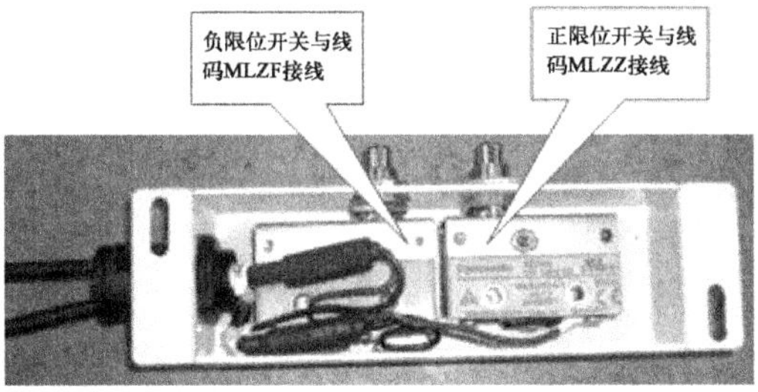 图10 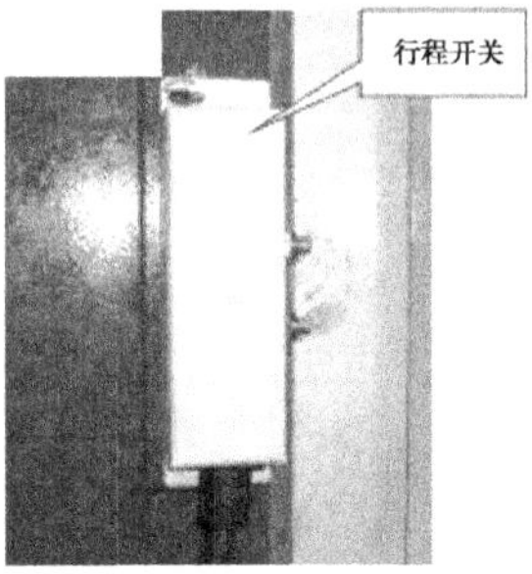　图11			
16	按如图 12 所示，以撞块的左侧面为基准，分别将上、下撞块向左翻转 90°后，对应立柱右侧面上、下安装孔位，用 4－M6×55 内六角螺钉分别将其固定锁紧，如图 13 所示	撞块安装应在后右封板安装后再进行，避免安装后右封板时撞坏撞块	
17	撞块锁紧固定后，如图 14 所示，可按图上箭头方向调整好行程开关触头与撞块的触发距离：触发时，上（下）触头应触及上（下）撞块斜面中间位置，且触头在压紧状态时的接触面与撞块 S 面（见图 12）还有 1 mm 的距离	调整时应确认好行程开关盒与撞块无干涉	

(续表)

序号	作 业 流 程	注 意 事 项	工 量 具
18	三轴行程开关接线：请参照《AC 伺服电机及行程开关的接线》		

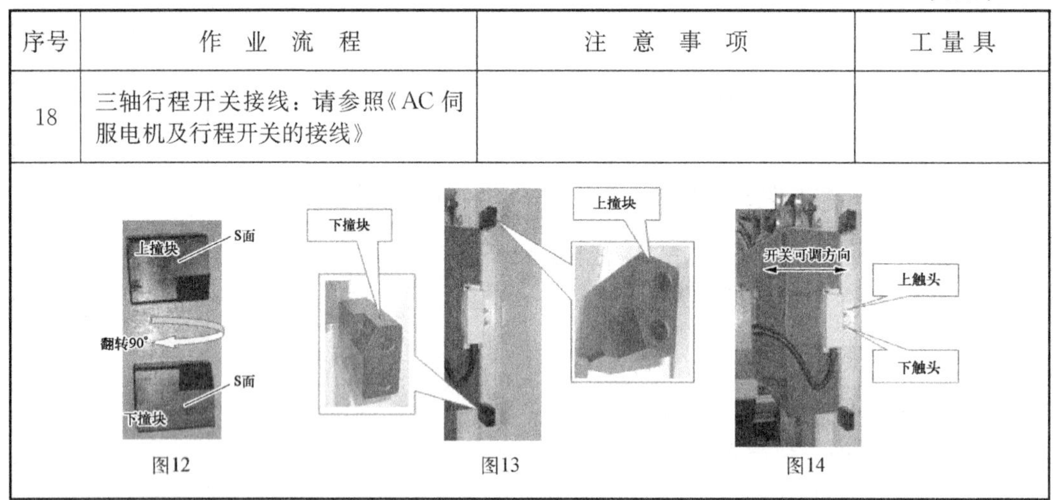

图12 图13 图14

调试注意事项：

(1) 联轴器安装位置要适当，不要与伺服电动机支座轴承盖的紧固螺钉产生刮碰。

(2) 装配时要确保伺服电动机轴端的定位凸圆台装入伺服电动机安装板的止口内。

三、评分标准

序号	项 目	考核内容及要求	得分	评 分 标 准	检测结果	得分
1	工作计划和图纸	工作计划	5 分	工作计划不完善，少一项扣 1 分，材料清单不完整，少一项扣 1 分，机械识图有错误，每处扣 1 分		
		材料清单	5 分			
		机械识图	10 分			
2	部件安装与连接		20 分	装配未能完成，扣 10 分；装配完成，但有紧固件松动现象，每处扣 1 分		
3	装配工艺 机械安装及装配工艺		20 分	装配工艺过程卡片中工序内容不完整，少一项扣 1 分，伺服电机安装板的安装位置不合理，每处扣 2 分；伺服电机安装位置不合理扣 4 分；工量具使用不合理，每项扣 2 分		
4	测试 (1) 联轴器与伺服电机轴端间隙量； (2) 联轴器与伺服电机支座轴承盖的紧固螺钉间隙量		30 分	间隙量过小产生刮碰，每项扣 15 分		

（续表）

序号	项　目	考核内容及要求	得分	评分标准	检测结果	得分
5	职业素养与安全意识		10分	现场操作中安全保护符合安全操作规程：工具摆放、包装物品、机械零件等的处理符合职业岗位的要求，团队合作既有分工又有合作，配合紧密；遵守纪律，尊重教师，爱惜设备和器材，保持工位的整洁		

任务3　进给系统的功能调试

任务导入

使用GSK218M－CNC系统配置DA98驱动器的某数控车床加工零件时，发现工件尺寸与实际尺寸相差有几毫米，或某一轴向尺寸有很大变化，近1 mm之多。经排查，引发上述故障的原因不在编程及工艺等方面。那引发这些故障的原因到底是什么呢？要怎样检测并排除类似故障呢？

任务目标

（1）熟悉DA98操作。

（2）会正确设置驱动器，能调整齿轮比、加减速特性，能对机床反向间隙进行补偿。

（3）能在手动方式、MDI方式下完成数控机床进给轴的调试。

（4）能完成试车工件的编程与加工，能使用通用量具对所试切的工件进行检测，并进行误差分析与调整。

任务分析

引发上述故障的原因既然不在编程与工艺等方面，那很有可能是相关参数设置不合理。工件尺寸与实际尺寸相差有几毫米，或某一轴向尺寸有很大变化，很有可能是丝杠反向间隙误差较大，可通过合理修改电子齿轮比来修正该误差，而电子齿轮比可通过调整驱动器或数控系统的相关参数来修改；切削螺纹时乱牙，很有可能是线性加减速时间常数以及螺纹指数加减速时间常数等参数设置不合理。

因此，掌握数控机床进给系统相关参数的含义并正确设置伺服驱动器参数及进给驱动系统 CNC 参数，是解决类似故障的关键，也是进给系统功能调整的关键。

任务实施

一、相关知识

1. 电子齿轮比

1）电子齿轮比(G)定义

通俗地说，电子齿轮比就是编码器反馈脉冲数与输入脉冲数之比。换言之，上位控制机向伺服系统发出位置指令脉冲，伺服系统接收到上位机的脉冲频率后进行放大或者缩小，这个放大或缩小的系数就是电子齿轮比。

指令脉冲序列包含了两方面的信息，一是指明电动机运行的位移，二是指明电动机运行的方向。通常指令脉冲单位是 0.001 mm 或 0.01 mm 等，而伺服系统的位置反馈脉冲当量由检测器(如光电脉冲编码器等)的分辨率以及电动机每转对应的机械位移量等决定。

2）电子齿轮比的作用

(1) 电子齿轮比可以用来任意设置每个单位指令脉冲所对应的电动机速度和位移量(脉冲当量)。

位置控制方式下，负载实际速度＝指令脉冲×G×机械传动比；负载实际最小位移＝最小指令脉冲行程×G×机械传动比。

(2) 当上位控制器的脉冲发生器能力(最高输出频率)不足以获得所需速度时，可以用电子齿轮比功能(指令脉冲倍频)来对指令脉冲作倍频调整。

【例】 已知编码器的线数为 131 072 p/r(脉冲/转)，伺服电动机额定转速为 3 000 r/min，上位机发送脉冲的能力为 200 kp/s，要想达到额定转速，那么电子齿轮比至少应该设为多少?

【解】 200×1 000×电子齿轮比＝3 000/60×131 072

由此可算出：电子齿轮比＝32.768

3）工件尺寸与实际尺寸

工件尺寸与实际尺寸相差几毫米，或某一轴向有很大变化，或许同步齿形带轮磨损导致脉冲和位移不对应，这些位移偏差均可通过调整电子齿轮比来校正。

4）电子齿轮比(G)计算公式

电子齿轮比(G)的计算公式为

$$G=\frac{\text{脉冲当量}\times\text{编码器线数}}{\text{丝杠导程}}\times\text{机械传动比}=\frac{CMR}{CMD}=\frac{\text{分频分子}}{\text{分频分母}}$$

$$即,G=\frac{CMR}{CMD}=\frac{\delta\times 360}{\alpha\times L}\times\frac{Z_M}{Z_D}$$

式中,CMR—指令倍乘系数(数据参数 No.015、No.016,见表 2-3-1);

CMD—指令分频系数(数据参数 No.017、No.018,见表 2-3-1);

α—步距角;

L—丝杠的导程,mm;

δ—脉冲当量(GSK218M,Z 轴为 0.001 mm/脉冲,X 轴为 0.000 5 mm/脉冲);

Z_M—丝杠端齿轮的齿数;

Z_D—电动机端齿轮的齿数;

分频分子—位置指令脉冲分频分子,伺服驱动器参数 PA12;

分频分母—位置指令脉冲分频分母,伺服驱动器参数 PA13。

表 2-3-1 No.015～No.018 参数

参数		说明
015	CMRX	CMRX、CMRZ:X 轴、Z 轴指令倍乘系数,设定范围为:1～255
016	CMRZ	
017	CMDX	CMDX、CMDZ:X 轴、Z 轴指令分频系数,设定范围为:1～255
018	CMDZ	

注意:如果为同步齿形带传动,则分别为丝杠端与电动机端同步带轮的齿数;如果电动机与丝杠直连,则机械传动比为 1∶1。

【例】 某 GSK218M 系统数控车床,采用 DA98 驱动器,丝杠端齿轮的齿数为 50,电动机端齿轮的齿数为 30,步距角 $\alpha=0.075°$,丝杠导程 $L=4$ mm,试计算电子齿轮比,并进行相关的参数设置。

【解】

$$X 轴电子齿轮比:G=\frac{CMR}{CMD}=\frac{\delta\times 360}{\alpha\times L}\times\frac{Z_M}{Z_D}=\frac{0.000\,5\times 360}{0.075\times 4}\times\frac{50}{30}=1$$

$$Z 轴电子齿轮比:G=\frac{CMR}{CMD}=\frac{\delta\times 360}{\alpha\times L}\times\frac{Z_M}{Z_D}=\frac{0.001\times 360}{0.075\times 4}\times\frac{50}{30}=\frac{2}{1}$$

则数据参数 No.015(CMR_X)=1,No.017(CMD_X)=1;No.016(CMR_Z)=2,No.018(CMD_Z)=1。

调整 DA98 的分频分子与分频分母,X 轴伺服驱动器中的 PA12 与 PA13 均设为 1。Z 轴伺服驱动器中的 PA12 设为 2,PA13 设为 1。

使用伺服驱动器时，一般在驱动器中设置电子齿轮比。故一般都将系统 No.15～No.18的参数设为 1，在驱动器中调整驱动参数 PA12、PA13 来调整电子齿轮比。

当电子齿轮比中分子大于分母时，CNC 允许的最高速度将会下降；当电子齿轮比中分子与分母不相等时，CNC 的定位精度可能会下降。例如，数据参数 No.016(CMR_Z)=1，No.018(CMD_Z)=5 时，输入增量为 0.004 mm 时不输出脉冲，输入增量达到 0.005 mm 时输出一个脉冲。

5）电子齿轮比调整

(1) 检查测量。用百分表检查机床的移动距离与 CNC 坐标显示的位移距离是否一致，如果不一致，则应调整电子齿轮比。

(2) 调整方法：

① 调整驱动器的 PA12(指令脉冲分频分子)、PA13(指令脉冲分频分母)参数。

② 如果误差≤1.5 mm，可通过修改 CNC 中 No.015～No.018 数据参数来进行电子齿轮比的调整，以适应不同的机械传动比。

为了保证 CNC 的定位精度和速度指标，配套具有电子齿轮比功能的数字伺服时，建议将 CNC 的电子齿轮比设置为 1∶1，将计算出的电子齿轮比设置到数字伺服中。

配套步进驱动时，尽可能选用带步进细分功能的驱动器，同时合理选择机械传动比，尽可能保持 CNC 的电子齿轮比为 1∶1，避免 CNC 电子齿轮比的分子与分母悬殊太大。

2. CNC 装置的加减速控制

1）加减速控制的意义

在 CNC 装置中，为了保证机床在启动或停止时不产生冲击、失步、超程或振荡，必须对送到进给电动机的进给脉冲频率或电压进行加减速控制。即在机床加速启动时，保证加在伺服电动机上的进给脉冲频率或电压逐渐增大；而当机床减速或停止时，保证加在伺服电动机上的进给脉冲频率或电压逐渐减小。

加减速时间常数越大，加减速过程越慢，机床运动的冲击越小，加工时的效率越低；加减速时间常数越小，加减速过程越快，机床运动的冲击越大，加工时的效率越高。

加减速时间常数相同时，加减速的起始/终止速度越高，加减速过程越快，机床运动的冲击越大，加工时的效率越高；加减速的起始/终止速度越低，加减速过程越慢，机床运动的冲击越小，加工时的效率越低。

2）加减速控制的实现方法

在 CNC 装置中，加减速控制多采用软件实现。常用的加减速控制实现方法有指数规律和直线规律两种。指数规律加减速控制一般适用跟踪响应要求较高的切削加工中，直线规律加减速控制一般适用速度变化范围较大的快速定位方式中。

3）加减速特性的调整参数

对 GSK218M－CNC 数控车床，应根据驱动器、电动机的特性及机床负载大小等因素来调整加减速特性调整参数，从而调整其加减速特性。相关参数如表 2－3－2 所示。

表 2-3-2　加减速特性调整相关参数

参　数	说　明
0 0 7　*** *** *** *** SMZ *** ZCZ ZCX	Bit3(SMZ)=1：所有含运动指令的程序段准确执行到位后，才执行下个程序段；Bit3=0：程序段与程度段之间平滑过渡
0 2 2　RPDFX 0 2 3　RPDFZ	RPDFX、RPDFZ：*X* 轴、*Z* 轴快速移动速率(半径值)，设定范围：*X* = 10～382 500 mm/min，*Z*= 10～7 650 000 mm/min
0 2 4　LINTX 0 2 5　LINTZ	LINTX、LINTZ：*X* 轴、*Z* 轴快速移动时，线性加减速时间常数值，配伺服电动机时设为100，配步进电动机时设为 350
0 2 6　THRDT	螺纹切削时 *X* 轴的指数加减速时间常数，设定范围：0～4 000 ms
0 2 7　FEDMX	FEDMX：*X* 轴、*Z* 轴切削进给上限速度。设定范围：10～8 000 mm/min
0 2 8　THDFL	THDFL：螺纹切削 *X* 轴、*Z* 轴的起始速度，设定范围：6～8 000 mm/min
0 2 9　FEEDT	FEEDT：切削进给和手动进给时指数加减速时间常数，设定范围：0～4 000 ms
0 3 0　FEDFL	FEDFL：切削进给时指数加速的起始速度、减速的终止速度，设定范围：0～8 000 mm/min

调整加减速特性时，首先应考虑状态参数 No.007 参数的 Bit3(SMZ)决定相邻的切削进给程序段速度是否平滑过渡。状态参数 No.007 的 Bit3(SMZ)=1 时，在切削进给的轨迹交点处，进给速度要降至加减速的起始速度，然后再加速至相邻程序段的指令速度，在轨迹的交点处实现准确定位，但这种轨道过渡方式会使加工效率降低；Bit3=0 时，相邻的切削轨迹直接以加减速的方式进行平滑过渡，前一条轨迹结束时进给速度不一定降到起始速度，在轨迹的交点处形成一个弧形过渡(非准确定位)，这种轨迹过渡方式工件表面光洁度好、加工效率较高。配套步进电动机驱动装置时，为避免失步现象，应将状态参数

No.007 的 Bit3 设置为 1。

4）加减速特性的调整原则

加减速特性的调整原则是在驱动器不报警、电动机不失步及机床运动没有明显冲击的前提下，适当地减小加减速时间常数、提高加减速的起始/终止速度，以提高加工效率。加减速时间常数设置得太小、加减速的起始/终止速度设置得过高，容易引起驱动器报警、电动机失步或机床振动。

GSK218M－CNC 配套步进电动机驱动装置时，快速移动速度过高、加减速时间常数太小、加减速的起始/终止速度过高，容易导致电动机失步。GSK218M－CNC 配套交流伺服驱动装置时，可以将起始速度设置得较高、加减速时间常数设置得较小，以提高加工效率。如果要得到最佳的加减速特性，可以尝试将加减速时间常数设置为 0，通过调整交流伺服的加减速参数实现。

GSK218M－CNC 配套步进电动机或配套交流伺服电动机时加减速特性参数建议设置如表 2－3－3 所示（电子齿轮比为 1∶1 时）。

表 2－3－3　加减速特性调整

参数号	参数设置值		参数号	参数设置值	
	步进驱动器	伺服驱动器		步进驱动器	伺服驱动器
No.022	≤2 500	=5 000	No.026	≥200	≤50
No.023	≤5 000	=10 000	No.028	100	≤500
No.024	≥350	≤60	No.029	150	≤50
No.025	350	≤60	No.030	≤50	≤400

注意：上述参数设置值为推荐值，具体设置要参考驱动器、电动机的特性及机床负载的实际情况而定。

3. 反向传动间隙

机床在长期使用中，由于摩擦、磨损等原因，会使丝杠螺母副间隙增大。机床反向传动间隙简称为反向间隙。机床反向间隙直接影响位置控制精度，会使加工过程中的尺寸漂浮不定。机床每使用 3 个月要重新检测反向间隙。反向间隙大小比较固定，故工件的误差总在间隙范围内变化。可通过下面两种方法减小反向传动间隙。

1）机械修调

如果反向间隙过大，一般需通过机械修调，即修调丝杠螺母副和修紧中拖板线条。

2）修改 CNC 参数进行补偿

修改机床内部 CNC 参数，通过 CNC 装置的间隙补偿功能来补偿。反向间隙补偿的方式和补偿频率可通过 No.011 参数的 Bit7 和 Bit6 设定，补偿值输入到数据参数No.034、No.035 中。各参数说明如表 2－3－4 所示。

表 2-3-4　No.034、No.035 参数

参　数	说　明
0 1 1 　BDEC BD8 *** *** *** ZNIK TSGN ***	Bit7 (BDEC)=1：反向间隙补偿方式 B,补偿数据以升降速方式输出，设置频率无效；Bit7=0：反向间隙补偿方式 A,以设置频率（状态参数 No.010设置）或设置频率的1/8输出 Bit6 (BD8)=1：反向间隙补偿以设置频率的 1/8 进行补偿；Bit6=0：反向间隙补偿以设置频率进行补偿
0 3 4 　BKLX	BKLX：X 轴反向间隙补偿量。设定范围：0～2 000(单位：0. 001 mm)
0 3 5 　BKLZ	BKLZ：Z 轴反向间隙补偿量。设定范围：0～2 000(单位：0.001 mm)

二、准备工作

配置 DA98 驱动器的 GSK218M-CNC 车床若干台，试切工件毛坯若干件，百分表、千分表或激光检测仪等若干。

三、实施步骤

1. 熟悉 DA98 驱动器面板与 DA98 操作

1) 熟悉 DA98 操作面板

要能正确设置 DA98 驱动器参数，就必须先熟悉驱动器面板及其操作方式。DA98 驱动器操作面板各按键功能如表 2-3-5 所示。对照实物与表 2-3-5 认识 DA98 操作面板，熟悉操作面板各按键功能，并手动操作各按键。

表 2-3-5　DA98 按键功能

按　键	功　能	按　键	功　能
▲	序号、数值增加，或选项向前	◀	返回上一层操作菜单，或操作取消
▼	序号、数值减少，或选项退后	↵	进入下一层操作菜单，或输入确认

驱动器面板由 6 个 LED 管显示器和 4 个按键组成，显示器用来显示系统各种状态、设置参数等。

注意：6 位 LED 管显示系统各种状态及数据，如果全部数码管或最右边数码管的小数点显示闪烁，表示发生报警。

2）熟悉 DA98 操作

DA98 方式选择操作。操作按多层操作菜单执行，第一层为主菜单，包括 8 种操作方式；第二层为各操作方式下的功能菜单。图 2－3－1 为主菜单操作。

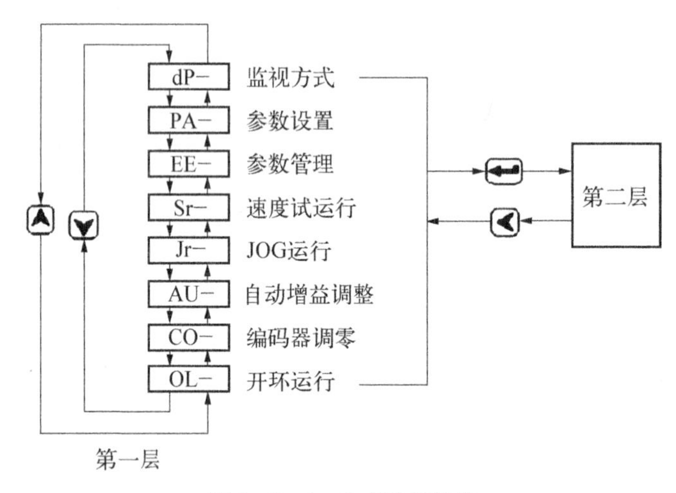

图 2－3－1 方式选择操作

（1）监视方式。在第一层中选择“dP－”，并按【Enter】键进入监视方式。共有 21 种显示状态，用户用【↑】、【↓】键选择需要的显示模式，再按【Enter】键，就进入具体的显示状态了。

（2）参数设置。在第一层中选择【PA－】并按【Enter】键进入参数设置方式，参数设置操作如图 2－3－2 所示。用【↑】、【↓】键选择参数号，按【Enter】键，显示该参数的数值，用【↑】、【↓】键可以修改参数值。按【↑】、【↓】键一次，参数增加或减少 1，按下并保持【↑】、【↓】键，参数能连续增加或减少。参数值被修改时，最右边的 LED 数码管小数点点

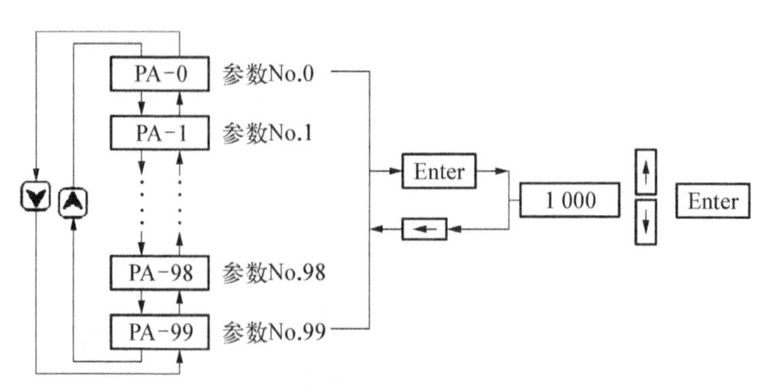

图 2－3－2 参数设置操作

亮，按【Enter】键确定修改数值有效，此时右边的LED数码管小数点熄灭，修改后的数值将立刻反映到控制中，此后按【↑】、【↓】键还可以继续修改参数，修改完毕按【←】键退回到参数选择状态。如果对正在修改的数值不满意，不要按【Enter】键确定，可按【←】键取消，参数恢复原值，并退回到参数选择状态。

注意：须将0号参数设为相应值后才能对其他参数进行修改；参数设置立即生效，故应谨慎对待参数的修改；修改后的参数须进入"参数管理"方式并执行"参数写入"，如未执行写入操作，断电后参数不保存，修改无效。

(3) 速度试运行。在第一层中选择"Sr—"，并按【Enter】键进入试运行方式。速度试运行提示符为"S"，数值单位是r/min，系统处于速度控制方式，速度指令由按键提供，如图2-3-3所示。进入速度试运行后，用【↑】、【↓】键改变速度指令，电动机按给定的速度运行。【↑】控制速度正向增加，【↓】控制速度正向减少(反向增加)。显示速度为正值时，电动机正转；显示速度为负值时，电动机反转。

(4) JOG运行。在第一层中选择"Jr—"，并按【Enter】键进入JOG运行方式，即点动方式。JOG运行提示符为"J"，数值单位是r/min，系统处于速度控制方式，速度指令由按键提供，如图2-3-4所示。进入JOG操作后，按下【↑】键并保持，电动机按JOG速度运行，松开按键，电动机停转，保持零速；按下【↓】键并保持，电动机按JOG速度反向运行，松开按键，电动机停转，保持零速。JOG速度由参数No.21设置。

图2-3-3　速度运行操作　　图2-3-4　JOG运行操作

注意：速度试运行及JOG运行在电动机空载时进行，以防止设备发生意外事故；试运行时驱动器SON(伺服使能)须有效。

(5) 电动机测试。在第一层中选择"OL—"，并按【Enter】键进入电动机测试方式。电动机测试提示符为"r"，数值单位是r/min，系统处于位置控制方式，位置限制值为268435456个脉冲，速度由参数No.024设置。进入电动机测试方式操作后，按下【Enter】键并保持2 s，电动机按测试速度运行，按下【←】键并保持2 s，电动机停转，保持零速，按下【←】键，则断开使能，退出电动机测试方式。编码器调零功能只能在电动机空载状态下进行操作，带负载操作时，会影响调零精度。

2. 驱动器设置

检查驱动器的报警逻辑电平，根据驱动器的报警逻辑电平设置No.009参数的Bit1、Bit0。注意：配套GSK系列驱动器时状态参数No.009的Bit1、Bit0均设为1。

根据机床移动方向与位移指令要求方向是否一致，修改状态参数No.008。如果机床移动方向与位移指令要求方向不一致，可修改状态 No.008 参数的 Bit1 和 Bit0。

No.009 参数、No.008 参数分别如表 2-3-6 所示。

表 2-3-6 No.009 参数、No.008 参数

参数	说明
0 0 9 *** *** *** *** RSJG *** ZALM XALM	Bit1 1：Z 轴报警信号(ZALM)为低电平报警
	0：Z 轴报警信号(ZALM)为高电平报警
	Bit0 1：X 轴报警信号(XALM)为低电平报警
	0：X 轴报警信号(XALM)为高电平报警
0 0 8 *** *** *** *** *** *** DIRZ DIRX	Bit1 1：Z 轴报警信号(DIR)为高电平报警
	0：Z 轴报警信号(DIR)为低电平报警
	Bit0 1：X 轴报警信号(DIR)为高电平报警
	0：X 轴报警信号(DIR)为低电平报警

3. 齿轮比、加减速特性等主要参数设置

根据机床相关技术指标及技术要求设置进给伺服驱动系统相关的伺服驱动参数与 CNC 参数。根据机床实际情况，机床相关技术指标如表 2-3-7 所示，技术要求如表 2-3-8 所示。

表 2-3-7 机床相关技术指标

项目名称	数值	单位	项目名称	数值	单位
X 轴伺服电动机极对数	3	对	Z 轴伺服电动机极对数	3	对
X 轴伺服电动机编码器线数	2 500	p/r	Z 轴伺服电动机编码器线数	2 500	p/r
X 轴电动机与丝杠传动比	1∶1	无	Z 轴电动机与丝杠传动比	1∶1	无
X 轴丝杠螺距	4	mm	Z 轴丝杠螺距	6	mm
X 轴电动机额定转速及最高转速	1 200/2 000	r/min	Z 轴电动机额定转速及最高转速	1 200/2 000	r/min

表 2-3-8 机床技术指标要求

序 号	项目名称	要求		单 位	备 注
		X 轴	Z 轴		
1	单向定位偏移值	500	500	μm	
2	最高快移速度	3 000	4 000	mm/min	
3	最高加工速度	1 500	3 000	mm/min	
4	快移加减速时间常数	64	64	ms	
5	定位允差	20	20	μm	
6	最大跟踪误差	10 000	10 000	μm	

伺服驱动器主要参数及进给驱动主要 CNC 参数参考设置如表 2-3-9 所示。

表 2-3-9 伺服驱动参数及数控系统参数调整

序号	参数类别	参数编号	参数名称	X 轴参数数值	Z 轴参数数值	单位
1	伺服驱动器参数	PA9	位置比例增益	40	40	1/s
2		PA5	速度比例增益	150	150	Hz
3		PA12	分频分子	5	5	
4		PA13	分频分母	4	3	
5		PA72	最大转矩输出值	124	132	%
6		PA23	最高速度限制	2 000	2 500	p/r
7		PA95	伺服电动机磁极对数	3	3	对
8		PA89	编码器分辨	2 500	2 500	
9	CNC 参数	No.15	X 轴的指令倍乘比	1	1	
10		No.16	Z 轴的指令倍乘比	1	1	
11		No.17	X 轴的指令分频系数	1	1	
12		No.18	Z 轴的指令分频系数	1	12	
13		No.22/No.23	最高快移速度	3 000	4 000	mm/min
14		No.24/No.25	X、Z 坐标线性加减速时间常数值(用于快速移动)	300	300	ms
15		No.26	在螺纹切削中(G92)X 轴的指数加减速时间常数	200	200	ms
16		No.27	最高加工速度	1 500	1 500	mm/min
17		No.28	螺纹切削时的指数加减速的起始/终止速度	500	500	mm/min

（续表）

序号	参数类别	参数编号	参 数 名 称	X 轴参数数值	Z 轴参数数值	单位
18	CNC 参数	No.29	切削进给和手动进给指数加减速时间常数	100	100	ms
19		No.30	切削进给时的指数加减速的起始/终止速度	0	0	mm/min
20		DNG.101/102	最大跟踪误差	此项只能诊断，不能修改	此项只能诊断，不能修改	

注意：参数调整先在伺服电动机空载下进行，伺服电动机参数默认适配广数 SJT 系列，以及华中 STZ、Star 系列伺服电动机，如使用其他伺服电动机，需调整相应参数，否则伺服电动机可能运行不正常。

4. 反向间隙补偿

（1）编辑程序。参考程序如下：

O0001；

N10 G01 W10 F800；

N20 W15；

N30 W1；

N40 W－1；

N50 M30；

（2）测量。使用百分表、千分表或激光检测仪等测量，测量步骤如下：

① 测量前应将反向间隙误差补偿值设置为零。

② 单段运行程序，定位两次后找测量基准 A，记录 A 点当前数据，再同向运行 1 mm，然后反向运行 1 mm 到 B 点，读取 B 点当前数据，如图 2－3－5 所示。

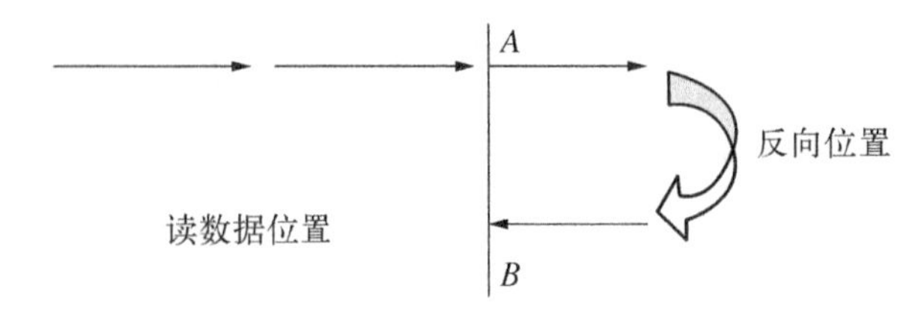

图 2－3－5 反向间隙测量方法

③ 输入反向间隙补偿量。首先计算出测量数据之差，测量数据之差＝|A 点记录的数据－B 点记录的数据|；然后输入反向间隙补偿量至数据参数 No.034(BKLX)或 No.035(BKLZ)中，其中 X 轴的反向间隙补偿量为测量数据之差再乘以 2，而 Z 轴的反向间隙补偿量为测量数据之差。

注意：反向间隙补偿量固定以直径值输入，与直径编程还是半径编程无关，输入值单位为 0.001 mm。X 轴的补偿值应为测量数据之差乘以 2 后，然后再输入到 No.034 中。

5. 进给轴调试

（1）手动方式下试运行。检测时首先将机床的工作状态切换到手动方式下，按如表 2-3-10 所示项目检查，并将检查结果填入表中。

表 2-3-10　进给轴手动方式下试运行

类　别	项　目	检　验　方　法	是否正常	故障现象、原因分析及排除记录
手动快速进给	+X 轴方向	同时按下机床 X 轴正向点动和快速进给按键，机床向 X 轴正方向快速移动		
	−X 轴方向	同时按下机床 X 轴负向点动和快速进给按键，机床向 X 轴负方向快速移动		
	+Z 轴方向	同时按下机床 Z 轴正向点动和快速进给按键，机床向 Z 轴正方向快速移动		
	−Z 轴方向	同时按下机床 Z 轴负向点动和快速进给按键，机床向 Z 轴负方向快速移动		
	倍率修调	在机床移动过程中，增减机床进给倍率，机床移动速度按比例变化		

（2）MDI 或自动方式下试运行。检测时首先将机床的工作状态切换到 MDI 方式或自动方式下，按如表 2-3-11 所示项目检查，并将检查结果填入表中。

表 2-3-11　进给轴 MDI(或自动)方式下试运行

类　别	项　目	技术指标检验标准	是否正常	故障现象、原因分析及排除记录
机床运行速度	G01F	在 G01 方式下，指定一段行程，并给定一速度，机床应该按照指定速度移动		
	G00	在 G00 方式下，指定一段行程，机床应该按照设定速度移动		
机床运行距离	GOl	在 G01 方式下，指 0.1～1 mm 行程，并给定一较低速度，利用百分表检测机床实际移动距离与指令距离是否一致		

(3) 工件试切。工件如图 2-3-6 所示,零件材料为 45#钢,正确编制程序,试切并测量,检验调试效果。并将结果分别填入表 2-3-12、表 2-3-13 中。

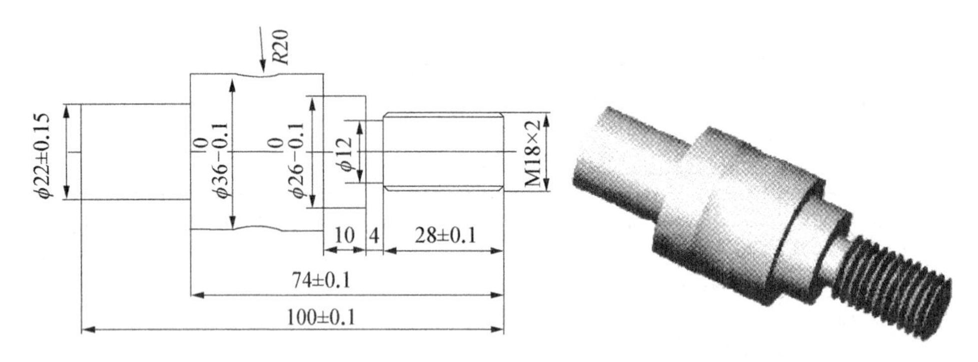

图 2-3-6 试切工件

表 2-3-12 工件试切评分

序号	检测精度		允差(mm)	实测(mm)	配分	评分标准(扣完为止)	得分
1	圆弧	R20	±0.1		15	每超差 0.1 扣 0.5 分	
2	直径尺寸	φ36(2 处)	-0.1		15	每超差 0.05 扣 0.5 分	
3		φ26	-0.1		10	每超差 0.05 扣 0.5 分	
4		φ22	±0.15		10	每超差 0.15 扣 0.5 分	
5	长度尺寸	100	±0.1		10	每超差 0.1 扣 0.2 分	
6		74	±0.1		10	每超差 0.1 扣 0.2 分	
7		28	±0.1		10	每超差 0.1 扣 0.2 分	
8	螺纹尺寸	M18×2			20	外径、表面粗糙度、长度不合格各扣 0.5 分	

表 2-3-13 误差分析并处理(是什么原因引起,在"□"里画√)

误差项目	产生原因	修正措施
长度尺寸	□工件装夹不牢固,加工过程中产生松动与振动	
	□对刀不正确	
	□刀具在使用过程中产生磨损	
	□刀具刚度差,刀具加工过程中产生振动	
	□机床几何误差	
	□刀具位置补偿参数设置不正确	
	□机床反向间隙大	
	□电子齿轮比设置不当	

（续表）

误差项目	产 生 原 因	修正措施
长度尺寸	□加减速时间常数设置不合理	
螺纹尺寸	□工件装夹不牢固，加工过程中产生松动与振动	
	□对刀不正确	
	□刀具在使用过程中产生磨损	
	□刀具刚度差，刀具加工过程中产生振动	
	□机床几何误差	
	□刀具位置补偿参数设置不正确	
	□机床反向间隙大	
	□电子齿轮比设置不当	
	□加减速时间常数设置不合理	
圆弧尺寸	□工件装夹不牢固，加工过程中产生松动与振动	
	□对刀不正确	
	□刀具在使用过程中产生磨损	
	□刀具刚度差，刀具加工过程中产生振动	
	□机床几何误差	
	□刀具位置补偿参数设置不正确	
	□机床反向间隙大	
	□电子齿轮比设置不当	
	□加减速时间常数设置不合理	

6. 进给驱动系统常见参数设置不当故障及其维修

人为设置两处参数设置不当的故障，让学生观察故障现象，分析故障原因并在教师的引导下正确排除故障，严禁产生新的故障。进给驱动系统由于参数设置不当引起的常见故障如表 2-3-14 所示。

表 2-3-14　进给驱动系统常见参数设置不当故障及其维修

故障现象	故障原因	故障处理
切削螺纹螺距不对，出现了乱牙	参数设置不合理	检查快速移动速度设置是否过大，检查线性加减速时间常数是否合理，检查螺纹指数加减速常数，检查螺纹各轴指数加减速的下限值，检查进给指数加减速时间常数，检查进给指数加减速的低速下限值是否合理

（续表）

故障现象	故障原因	故障处理
切削螺纹螺距不对，出现了乱牙	电子齿轮比未设置好或步距角未调好	若使用DA98伺服驱动器，检查电子齿轮比是否计算准备并设置好；若使用步进驱动器，检查步距角是否正确，检查各传动比是否正确
	机械故障	测量定位精度是否合格，测量丝杠间隙是否过大并修改系统参数将间隙消除
	系统内编码器线型参数与编码器不匹配	依据主轴编码器线数设置参数，确保系统与主轴编码器匹配
螺纹前几个牙乱牙，后面的正常	螺纹开始及结束部分，由于升降速的原因，如果所设进退刀距离不够，会出现导程不正确的现象，这个距离随着参数的调节而变化，距离太短就会造成此故障	调整系统No.022、No.023、No.024、No.025、No.026、No.028、No.029、No.030号参数至合理值；或通过编程调整加工工艺，即将G92指令改为G32，并在G32之前用G01指令进行F进给速度指定，从而减小升降速原因造成的影响
加工尺寸不稳定	系统参数设置不合理	检查快速速度的加速时间是否过大；检查主轴转速与切削速度是否合理；检查是否因为操作者的参数修改导致系统功能改变
	伺服驱动器参数设置不当，增益系数设置不合理	参照DA98说明书修改参数
	反向间隙大	修改参数，对反向间隙进行补偿
	数控系统产生失步	检查G00快速定位速度和切削时的加减速时间常数等参数是否设置合理，是否有人故意改动
	系统的电子齿轮比设置错误	若发现尺寸偏差太大，则检查电子齿轮比是否被破坏
加工圆弧效果不理想	参数设置不合理，进给速度过大，使加工圆弧失步	对于步进电动机，加工速率F不可设置过大

四、评分标准

序号	项　目	考核内容及要求	得分	评分标准	检测结果	得分
1	DA98操作	DA98参数设置、电动机测试	10	操作步骤不对不得分		
2	驱动器设置	驱动器参数设置	10	驱动器参数设置不合理，每处扣5分		
3	电子齿轮比调整	电子齿轮比调整方法与步骤	10	电子齿轮比调整不当不得分		

（续表）

序号	项　目	考核内容及要求	得分	评 分 标 准	检测结果	得分
4	加减速特性调整	加减速特性调整相关参数设置	15	加减速特性参数设置不合理，每处扣3分		
5	反向间隙补偿	反向间隙测量及反向间隙 补偿	10	(1) 不会正确测量反向间隙，扣5分 (2) 不会正确补偿反向间隙，扣5分		
6	结果验证	能在手动方式、MDI方式或自动方式下进行进给单元试运行	10	(1) 进给单元不动不得分 (2) 不能手动进给与手动快速进给，分别扣5分 (3) 不符合指定运行速度与运行距离，分别扣5分 (4) 进给倍率不能修调，扣5分		
7	工件试切	能编制试切程序、准确测量并能对误差进行正确分析与处理	20	(1) 不能正确编程，扣10分 (2) 不能准确测量，扣5分 (3) 不能对误差进行正确分析与处理，扣10分		
8	故障检修	进给驱动常见参数设置不当引起的故障检修	10	在规定时间内，不能有效诊断并检修参数设置不当引起的进给驱动故障不得分；每超时10 min扣2分		
9	安全文明生产	应符合国家安全文明生产的有关规定	5	违反安全操作的有关规定，不得分		

项目三 主轴系统的电气安装与调试

数控机床主轴驱动系统是数控机床的切削动力源，是实现数控机床主运动的传动系统，它的性能直接决定了加工工件的表面质量。因此，在数控机床的维护和维修中，主轴驱动系统显得很重要。下图为某数控车床主传动系统。

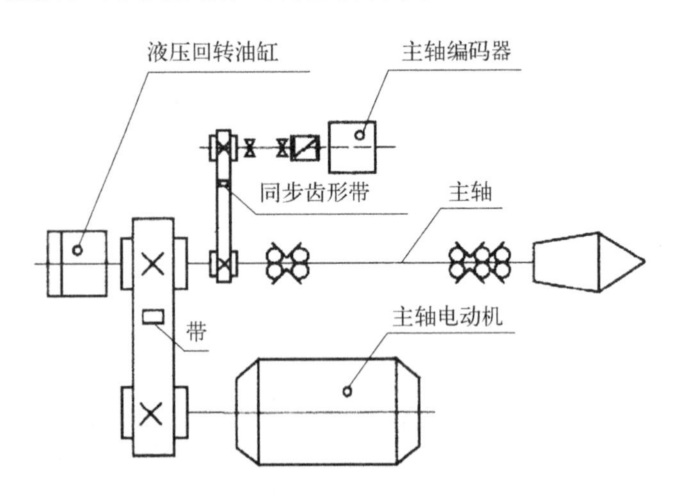

主轴驱动系统一般由主轴驱动放大器、主轴电动机、传动机构、主轴组件、主轴信号检测装置及主轴辅助装置组成。

主轴驱动放大器用于接收系统发出的主轴速度及功能控制信号，实施主轴电动机控制，它可以是变频器，也可以是系统专用的主轴放大器。

主轴电动机可以是普通型电动机、变频型专用电动机及系统专用的主轴电动机。

数控机床主轴传动主要有三种配置形式，即带变速齿轮的主传动方式，通过带传动的主传动方式及由变速电动机直接驱动的主传动方式。

主轴组件都是成套的标准件，数控车床主轴组件包括主轴、主轴轴承、传动部件等。加工中心主轴部件还包括刀具夹紧装置、主轴自动准停、主轴装刀孔吹净装置等。

主轴信号检测装置能够实现主轴的速度、位置反馈，主轴功能的信号检测。它可以是主轴外置编码器、主轴电动机内装传感器以及外接一转信号配合电动机内装传感器检测。

主轴辅助装置主要包括主轴刀具锁紧/松开控制装置、主轴自动换档控制装置、主轴冷却润滑控制装置等。

现代数控机床对主轴驱动系统的主要要求是：① 调速范围宽并能实现无级调速；② 恒功率调速范围要宽，并能提供足够的切削功率；③ 稳定、快速，即要求主轴正反转及停止过程中可进行自动加减速控制，并且加减速时间短，反应快；④ 具有位置控制能力；⑤ 具有四象限驱动能力；⑥ 具有较高的精度与刚度，传动平稳，噪声低，具有良好的抗震性和热稳定性。

数控机床主传动按变速方式分为有级变速、无级变速和分段无级变速三种。

主轴伺服经历了从普通三相异步电动机传动到直流主轴传动，随着电子微处理技术及大功率半导体管技术的发展，现在又进入了交流主轴伺服驱动系统的时代。交流异步伺服主轴通常有数字式和模拟式两种，与模拟式相比，数字式伺服主轴加速特性近似直线，时间短，且可提高主轴定位控制时系统的刚度和精度，操作方便，是机床主轴驱动采取的主要形式。

主轴驱动系统的电气安装与调试以 GSK218M 系统数控车床主轴驱动系统为载体，主要完成下列工作：主轴驱动系统的电气安装，主轴功能的 PLC 控制程序设计与分析，主轴驱动系统运行状态的调试和维护，主轴驱动系统装调过程中常见的电气故障及排除方法。

任务 1 变频主轴系统的电气安装与调试

任务导入

图 3-1-1 为某全功能型数控车床主轴变频调速驱动系统。试正确连接与调试该类主轴的驱动系统，并能准确检测与排除该类主轴驱动系统在调试运行中常见的电气故障。

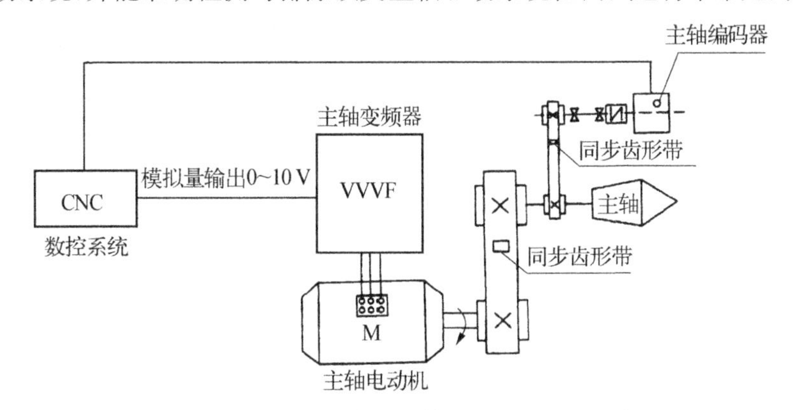

图 3-1-1 数控车床主轴变频调速驱动系统

任务目标

(1) 了解编码器、变频器在变频主轴中的作用。

(2) 了解编码器接口定义,并能正确安装编码器。

(3) 了解模拟主轴接口定义及 EV2000 型变频器端子接线。

(4) 能看懂主轴变频调速系统电气控制电路,根据电气控制原理图进行电气连接。

(5) 能调试主轴变频调速驱动系统。

(6) 能排除主轴变频调速驱动系统常见的电气故障。

任务分析

数控车床主轴变频调速驱动系统由变频器驱动电动机根据 S 指令值的变化,CNC 相应输出 0~10 V 模拟电压控制主轴变频器,从而实现主轴的无级变速。数控车床主轴一般配有主轴编码器,主轴编码器作为检测元件,可测量主轴的旋转速度,并在主轴定向停止、车削螺纹和刚性攻螺纹时进行实时反馈。不同的应用场合,变频主轴有不同的配置。要能对主轴变频调速驱动系统进行电气安装,就必须了解变频器以及编码器的相关知识,了解变频主轴的驱动方式,懂得变频调速驱动系统电气控制原理。

因此,本任务具体学习步骤为:变频器种类及工作原理→编码器种类及作用→变频主轴驱动方式→主轴变频调速系统的电气控制原理→主轴变频调速系统的电气安装调试→主轴变频调速系统常见的电气故障检修。

任务实施

一、相关知识

1. 变频器

实现变频调速的装置称为变频器。变频器是一种将固定频率的交流电变换成频率、电压连续可调的交流电,以供给电动机运转的电源装置。它是利用电力半导体器件的通断作用将工频电源变换为另一频率的电能控制装置,其功能是将电网电压提供的恒压恒频(CVCF)交流电变换为变压变频(VVVF)交流电。

变频器有交-交变频器和交-直-交变频器两大类,如图 3-1-2 所示。

在数控机床上,一般采用交-直-交型的正弦波脉宽(SPWM)变频器和矢量变换控制的 SPWM 调速系统。先把工频交流电源通过整流器转换成直流电源,然后再把直流电源转换成频率、电压均可控制的交流电源,以供给电动机。变频器的电路一般由整流、中间直流环节、逆变和控制 4 个部分组成。首先将单相或三相交流电源通过整流器并经电容滤波后,形成幅值基本固定的直流电压加在逆变器上,利用逆变器功率元件的通断控制,使逆变器输出端获得矩形脉冲波形,通过改变矩形脉冲的宽度控制其电压幅值;通过改变

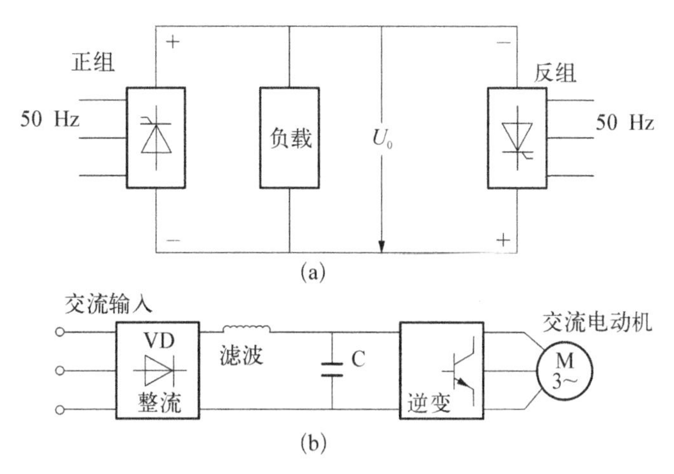

图 3-1-2 两种类型的变频器

(a) 交-交变频 (b) 交-直-交变频

调制周期控制其输出频率,从而在逆变器上同时进行输出电压和频率的控制,满足变频调速对 U/f 协调控制的要求。

2. 编码器

编码器又称码盘,是一种旋转式测量元件,通常装在被测轴上,跟随被测轴一起转动,可将被测轴的角位移转换成增量脉冲形式或绝对值式的代码形式。

1) 编码器种类

(1) 接触式编码器。它又称为接触式码盘,是一种绝对值式的检测装置,可直接把被测转角用数字代码表示出来,且每一个角度位置均有表示该位置的唯一对应的代码。这种测量方式在断电或切断电源的情况下,也能读出转动角度。

(2) 光电式编码器。它又称为增量式编码器,亦称为光电码盘、光电脉冲发生器、光电脉冲编码器等,是一种旋转式脉冲发生器,把机械角转变成电脉冲,是数控机床上常用的一种角位移检测元件,也可用于角速度检测。图 3-1-3 为光电式编码器实物。

图 3-1-3 光电式编码器

(3) 电磁式编码器。它又称为磁性编码器,输出的信号形式与光电式编码器一样,都是数字脉冲信号。

2) 编码器在数控机床主轴控制中的应用

主轴编码器采用与主轴同步的光电脉冲发生器,主轴控制中采用编码器,则成为具有位置控制功能的主轴控制系统，或者称为“C”轴控制。因此，应用于数控机床主轴驱动系统中的编码器称为主轴位置编码器。

(1) 主轴编码器可以实现主轴旋转与坐标轴进给的同步控制。在螺纹加工中，为了保证切削螺纹的螺距，必须有固定的进刀点和退刀点。安装在主轴上的光电编码器在切削螺纹时主要解决以下两个问题：

① 车螺纹时，要求主轴的旋转运动与工件的进给运动保持严格的同步运动关系，即主轴转一转，工作台移动一个导程。主轴编码器测定主轴的旋转速度信号并传送给CNC，CNC控制进给机构的速度，保证主轴每转一周，刀具准确地移动一个导程，实现车螺纹时的同步控制。

② 一般的螺纹加工要经过几次切削才能完成，每次重复切削时，开始进刀的位置必须相同。为了保证螺纹重复切削时不乱牙，数控系统在接收到光电编码器中的一转脉冲(零点脉冲)后才开始螺纹切削的计算。

(2) 主轴编码器可以实现主轴定向准停控制。加工中心换刀时，为了使机械手对准刀柄，主轴必须停在固定的径向位置；在固定切削循环中，如精镗孔，要求刀具必须停在某一径向位置才能退出。这都要求主轴能准确地停在某一固定位置上，这就是主轴定向准停功能。

3. 变频主轴驱动系统

1) 变频主轴驱动方式配置

变频主轴可满足大多数加工要求，容易实现高速、大功率的加工，相对于伺服主轴而言价格较低。因此，目前一般数控车床大多会用变频主轴。如果变频主轴的主轴电动机带编码器、变频器加PG反馈脉冲卡，还可实现对主轴的定位控制、刚性攻螺纹等。不同类型的主轴系统具有不同的特点和使用范围，变频主轴主要有以下几种驱动方式。

(1) 普通笼型异步电动机配简易变频器。这类驱动方式下的主轴低速转矩小，主轴电动机只有工作在约500 r/min以上才会有比较满意的力矩输出，否则很容易出现堵转的情况(特别是车床中)。它受最高电动机速度的限制，主轴的转速范围受到较大的限制。适用于需要无级调速但对低速和高速都不作特别要求的场合。

(2) 普通笼型异步电动机配通用变频器。这类驱动方式再配合两档齿轮变速，基本上可以满足低速(100～200 r/min)与小加工余量下的加工，是目前经济型数控机床比较常用的主轴驱动系统。但与普通笼型异步电动机配简易变频器相似，同样受电动机最高速度的限制。

(3) 专用变频电动机配通用变频器。中档数控机床主要采用这种主轴变速方式，主传动采用两档甚至仅一档变速，即可使主轴转速达到100～200 r/min。

2) GSK218M系统数控变频调速控制系统构成

GSK218M系统数控变频调速控制系统如图3-1-4所示。主轴变频器与数

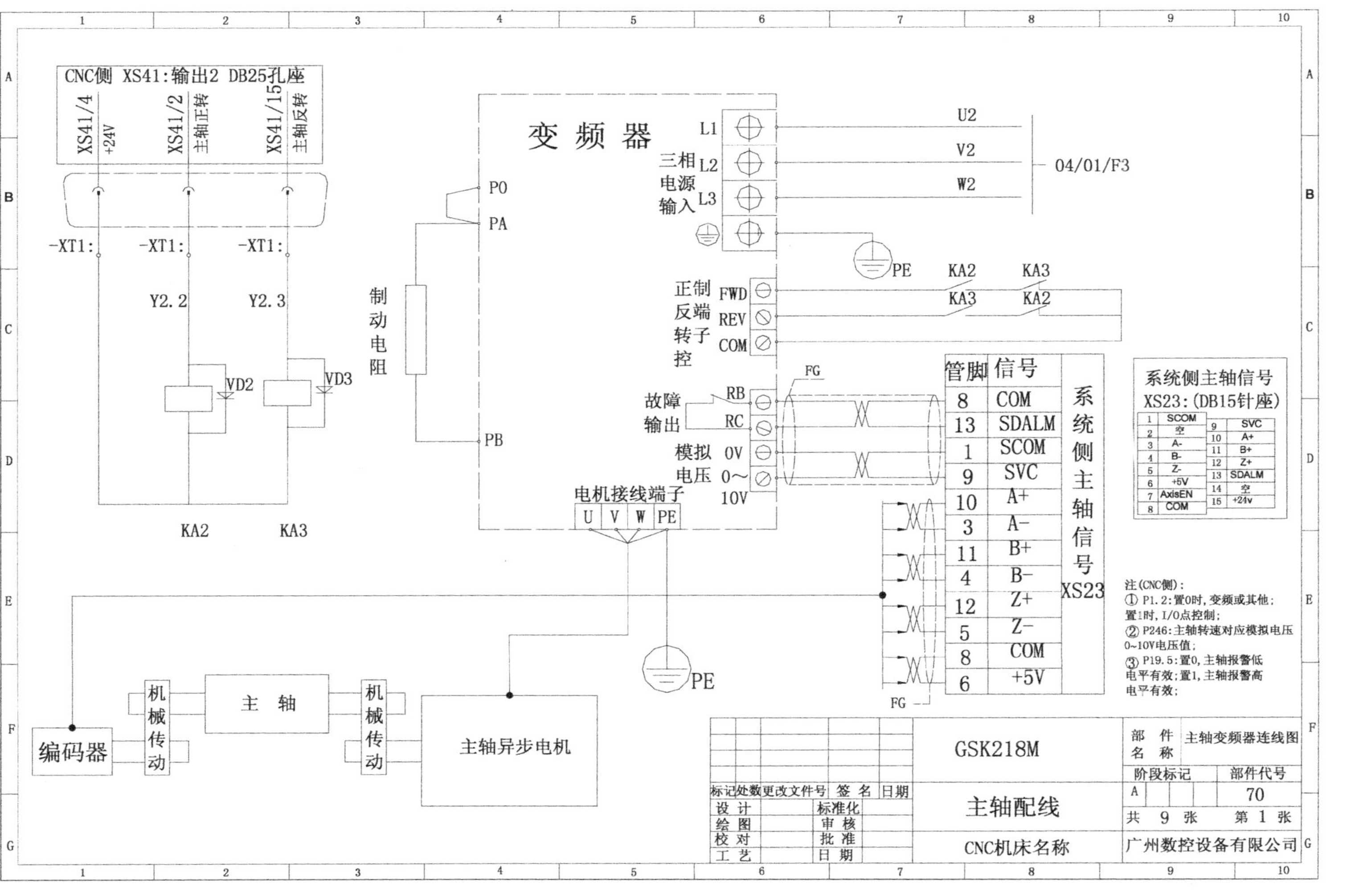

图 3－1－4　GSK218M 系统数控变频调速控制系统

控装置的连接一般只需要两组线，一组是数控装置 XS39 接口到变频器的正反转信号，一般是三根；另一组是通过 XS37 接口的速度给定信号，一般为两根。数控装置根据 S 指令值，输出 0～10 V 模拟电压给变频器，通过模拟电压的变化控制频率的变化，从而控制电动机转速的变化，使主轴转速实现无级调速。主轴编码器一般通过同步齿形带与主轴相连，它测定主轴的旋转速度并通过接口 XS32 反馈给 CNC。

二、准备工作

工具、仪表及器材准备如表 3-1-1 所示。

表 3-1-1　工具、仪表及器材

项　目	名　　　　称
工　具	旋具、尖嘴钳、斜口钳、剥线钳、电工刀、试电笔等
仪　表	万用表
器　材	走线槽、控制板、各种规格的软线和紧固件、金属软管、编码套管等

三、实施步骤

1. 分辨 GSK218M 系统编码器接口、DAP01 接口及其信号

XS23 接口引脚信号及功能如图 3-1-5 所示。

XS23：DB15针座

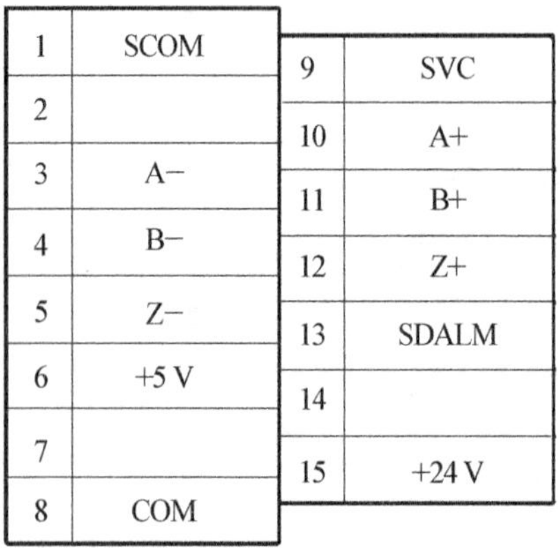

引脚	信号	引脚	信号
1	SCOM	9	SVC
2		10	A+
3	A−	11	B+
4	B−	12	Z+
5	Z−	13	SDALM
6	+5 V	14	
7		15	+24 V
8	COM		

图 3-1-5　引脚定义

接口信号说明：

(1) A+、A−、B+、B−、Z+、Z−为主轴编码器的脉冲信号。

(2) SVC 为主轴模拟电压信号。

(3) SCOM 为主轴模拟电源信号地。

(4) SDALM 为主轴报警输入信号,注意,编码器的线数为编码器每转输出的脉冲数,单位为 p/r。

GSK218M 配 DAP01 控制线,如图 3-1-6 所示。

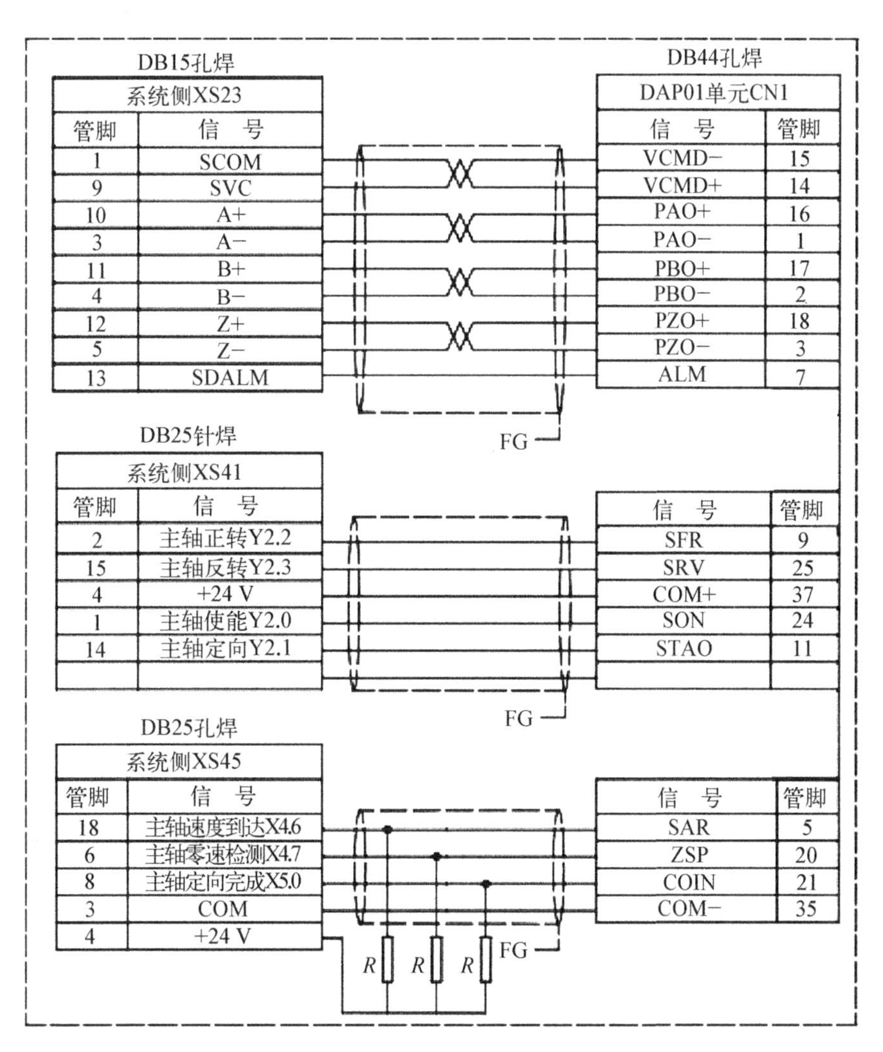

图 3-1-6　DAP01 配线

注:电阻 R 为 2.2 kΩ, 0.5 W。

2. 分辨 FR-E740 型变频器端子

读 FR-E740 型变频器端子接线(见图3-1-7),为正确连接变频器做准备。

主要端子功能说明如表 3-1-2 所示。

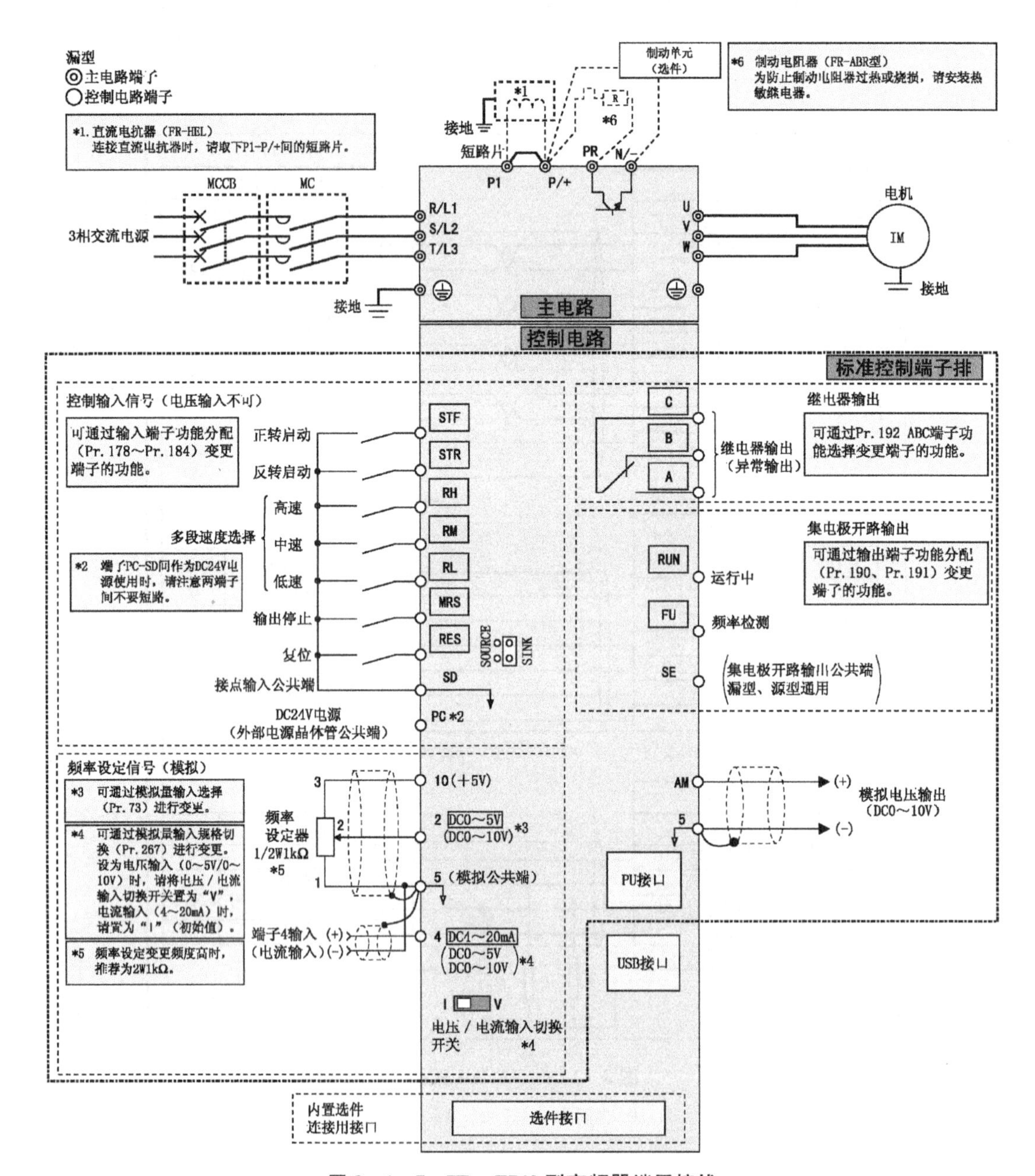

图 3-1-7 FR-E740 型变频器端子接线

表 3-1-2　主要端子功能说明

端子记号	端子名称	端子功能说明
R/L1、S/L2、T/L3	交流电源输入	连接工频电源 当使用高功率因数变流器(FR-HC)及共直流母线变流器(FR-CV)时不要连接任何东西
U、V、W	变频器输出	连接 3 相鼠笼电机
P/+、FR	制动电阻器连接	在端子 P/+—PR 间连接选购的制动电阻器(FR-AER)
P/+、N/—	制动单元连接	连接制动单元(FR-EU2)、共直流母线变流器(FR-CV)以及高功率因数变流器(FR-HC)
P/+、P1	直流电抗器连接	拆下端子 P/+—P1 间的短路片，连接直流电抗器
⏚	接地	变频器机架接地用，必须接大地

3. 绘制变频调速系统的电气控制原理图

本数控机床主轴变频调速系统主要配置：FR-E740 型变频器、YPNC 型电动机。GSK218M 系统变频主轴主电路(含控制电路)与信号电路如图 3-1-8 所示。

4. 分析电气控制原理

(1) 主电路主要是为了给变频器供电和给负载(电动机)提供电源。合上漏电断路器 QF0→三相电源引入变频器 FR-E740 的 R、S、T 端。

(2) 正反转控制。数控系统发出正转信号 M03→XS14 的 2 号引脚输入低电平→图 3-1-4 中的中间继电器 KA2 线圈得电→图 3-1-4 中的 KA1 常开触头闭合→变频器接线端子 FWD(正转启动)与 GND(公共输入端)连接(接通)→主轴正转信号输入给变频器→变频器供电给主轴电动机→主轴正转；数控系统发出正转信号 M04→XS41 的 1 引脚输入低电平→图 3-1-4 中的直流继电器 KA3 线圈得电→图3-1-4 中的 KA3 常开触头闭合→变频器接线端子 REV(反转启动)与 GND 连接(接通)→主轴反转信号输入给变频器→变频器供电给主轴电动机→主轴反转。

由于电动机是直接接到变频器上的，所以要切换正反转，就要控制变频器，通过变频器切换输出电压的相序而改变电动机的转向。

(3) 转速控制。变频器 VCI 端子接数控系统模拟量接口正信号，GND 端子接负信号，信号为 0～10 V 模拟电压信号。经过数控系统调节的主轴速度输出值，通过模拟主轴接口电路，以模拟电压的方式输出至变频器，然后通过变频器变频，控制主轴转速。

5. 选择所需用的电气元器件(元器件清单)

除 GSK218M～CNC 外，变频主轴电气控制所需主要元器件如表 3-1-3 所示。

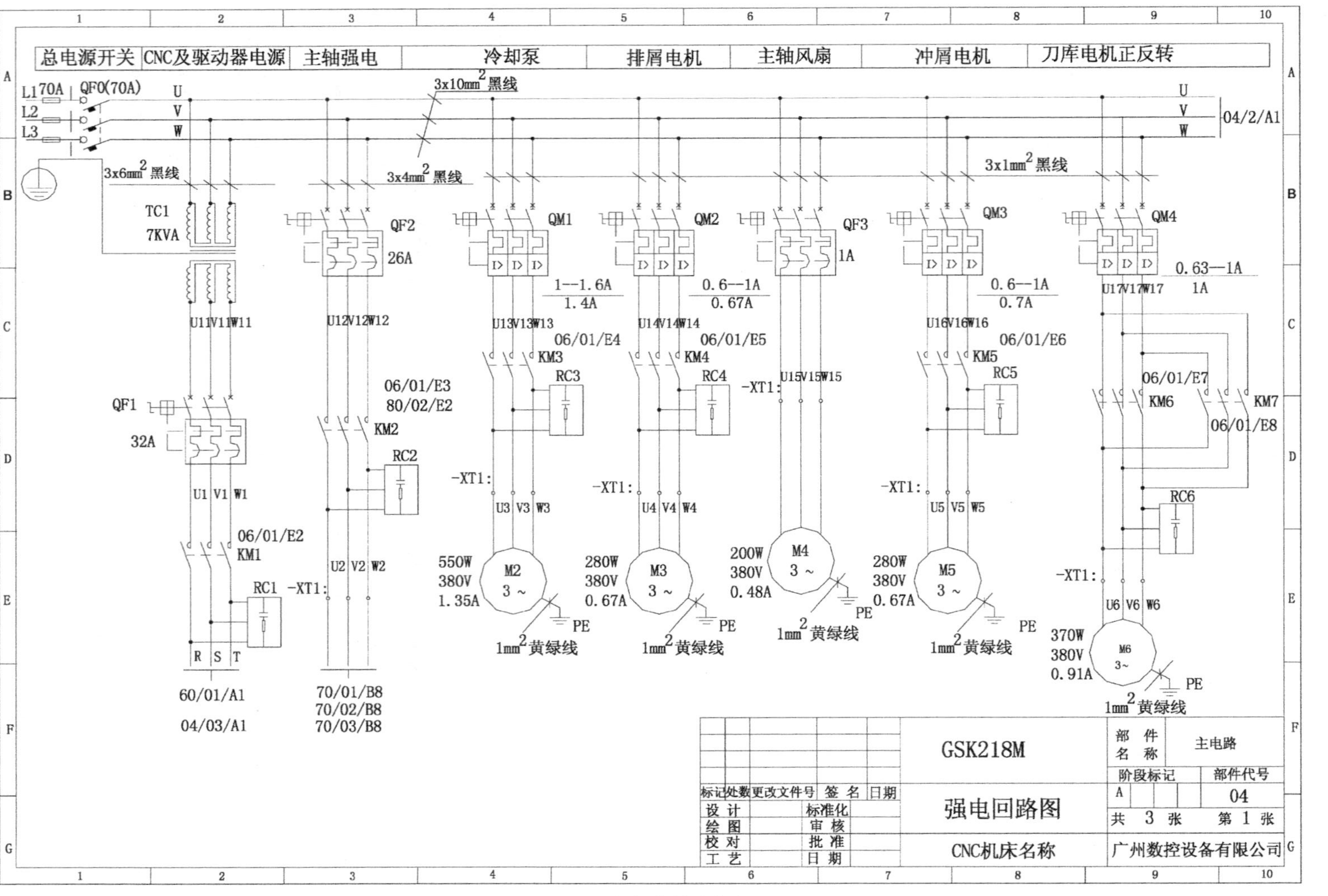

图 3-1-8 变频主轴电气控制原理

表 3-1-3　变频主轴电气控制元器件明细

代号	名　称	型　　号	规　格	数　量	用　途
M1	主轴电动机	YPNC-33.3-3.7-BE-B3	7.5 kV、1 450 r/min	1	主运动动力源
VVVF	变频器	三菱 FR-E740	7.5 kW	1	主轴电动机变速
QF0	断路器	DZ47 - 63（D32，3P，400 V）	16 A	1	变频主轴开关
KA2	中间继电器	JZ7-44	线圈电压 DC24V	1	控制 M1
KA3	中间继电器	JZ7-44	线圈电压 DC24V	1	控制 M1
	编码器	ZLF-12-102.4BM-005D	增量式	1	测量主轴旋转速度
	主电路导线	BVR(黑色、三色)塑铜线	4 mm^2		由导线数量、敷设方式和线路长度来决定
	控制电路导线	用 BVR 铜芯线	1.5 mm^2		
	按钮线	用 BVR 铜芯线	0.75 mm^2		
	接地线	BXR(黄绿双色)塑铜线	截面至少 1.5 mm^2		
	信号电缆	10 芯绞合屏蔽电缆 3 m,XS41 接口处,连接 CNC 与机床			
		8 芯绞合屏蔽电缆 6 m,XS41 接口处,连接主轴编码器与 CNC			
		4 芯绞合屏蔽电缆 3 m,XS37 接口处,连接变频器与 CNC			

6. 安装连接

(1) 正反转信号连接。如图 3-1-4 所示,按 XS41 引脚对应关系将 KA2、KA3 接入信号回路。如图 3-1-4 所示,将 KA2、KA3 常开触头接入控制回路。

(2) 主电路安装。电源线必须接入如图 3-1-9 所示变频器的 R、S、T 输入端,绝对不能接入 U、V、W 端。变频器的输入端不用考虑相序,输出端 U、V、W 则要考虑相序,否则电动机实际转向可能会与指令转向相反。如果在实际中发现有电动机实际转向与指令转向相反现象,则任意调换两相即可。

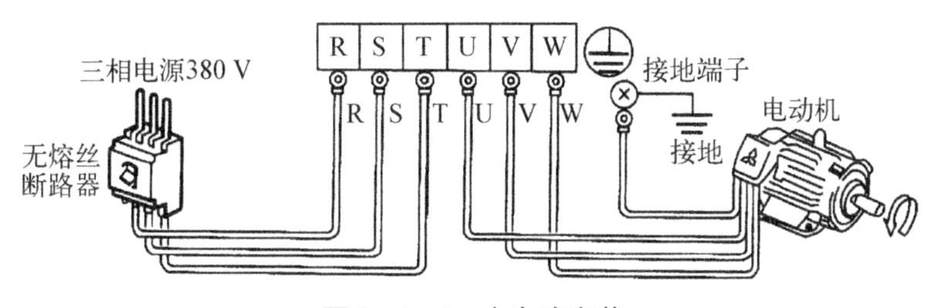

图 3-1-9　主电路安装

(3) 主轴编码器的机械安装。主轴编码器与主轴的安装有两种方式。一种是编码器与主轴通过如图 3-1-10 所示无键锥环挠性联轴器同轴安装锥环分为内锥环和外锥环，是成对使用的弹性锥形胀套；另一种是编码器与主轴通过同步齿形带连接，图 3-1-11 为同步齿形带传动方式。

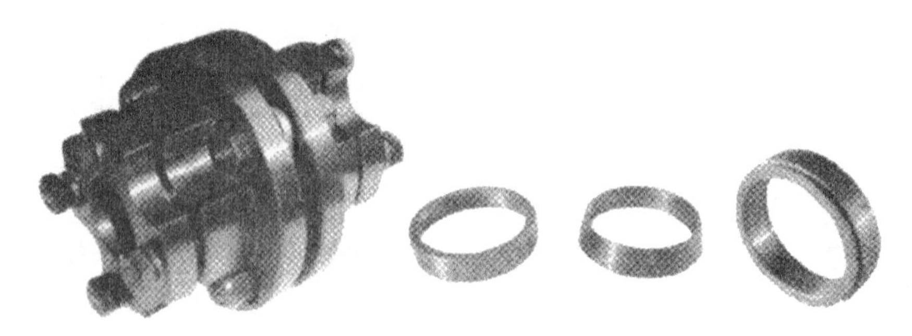

图 3-1-10 无键锥环挠性联轴器

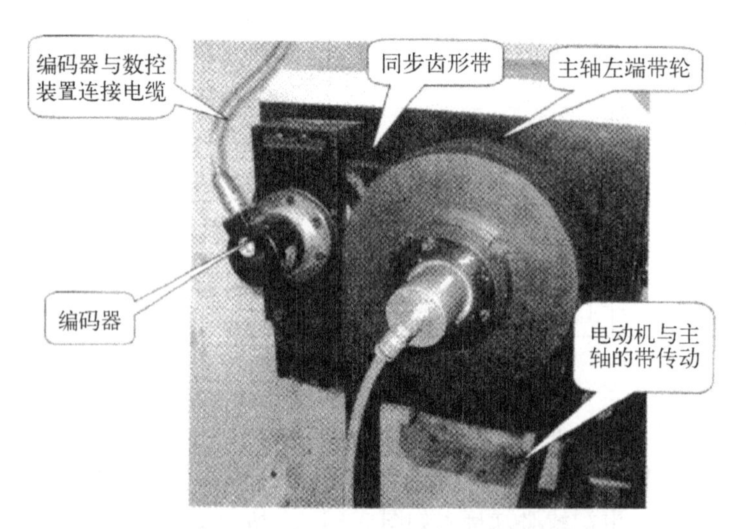

图 3-1-11 编码器与主轴同步齿形带连接

(4) 主轴配线(见图 3-1-12)

7. 检测调试(调试结果应符合使用要求)

1) 自检

(1) 检查各回路导线、电缆的规格是否符合设计要求。

(2) 将机床总电源插座拔下，用万用表测量各电源的相电阻值及对地电阻值，断路器、交流接触器、熔断器等器件是否有短路或断路现象。

(3) 开关电源端子接线正负是否正确，24 V 电源线路是否有短路现象。

(4) 检查电动机的安装是否牢固，用兆欧表检查电动机及线路的绝缘电阻值，电动机电源线相序是否连接正确，连接是否牢靠。

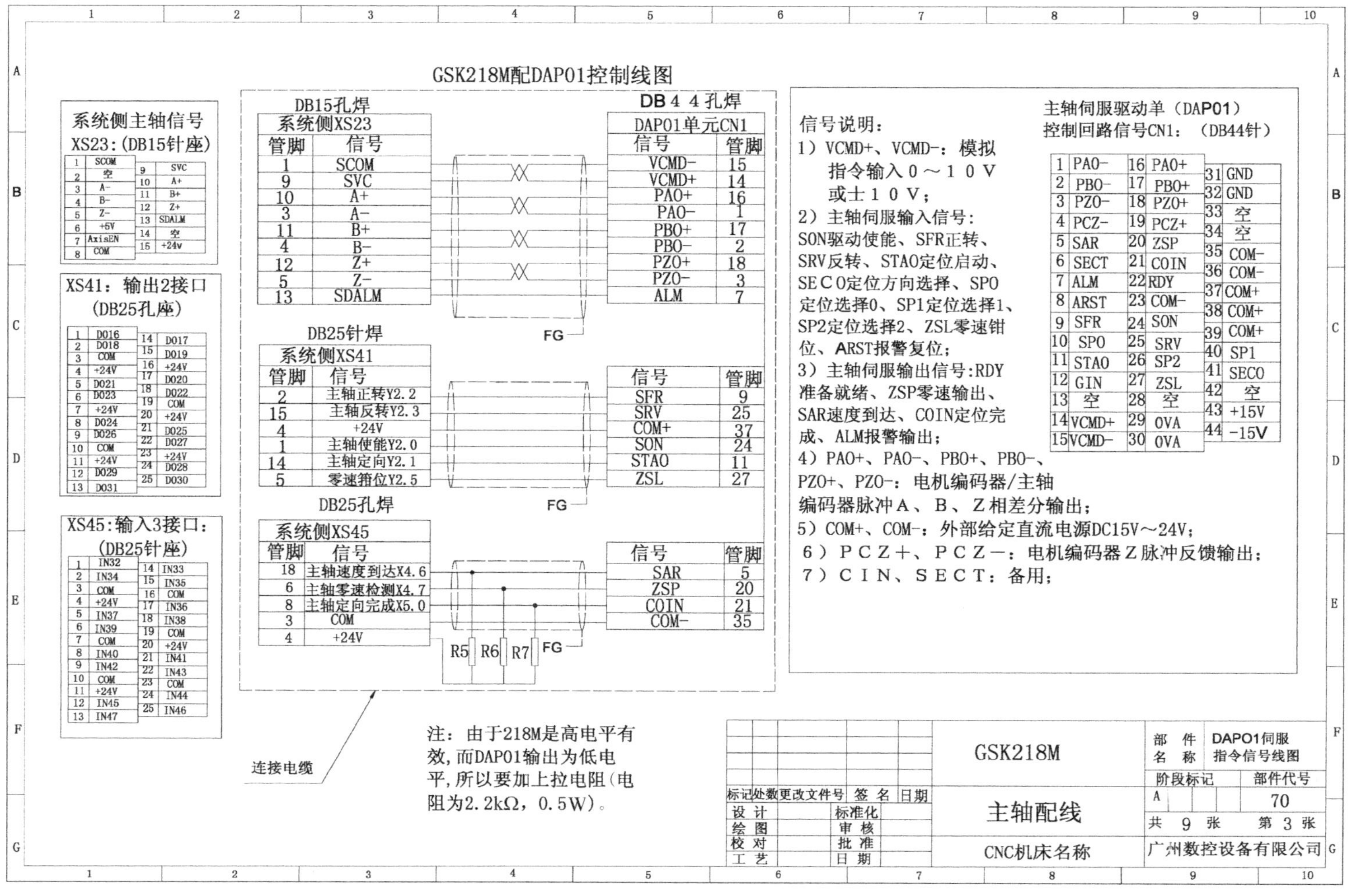

图 3-1-12 GSK218M CNC 与编码器接口连接

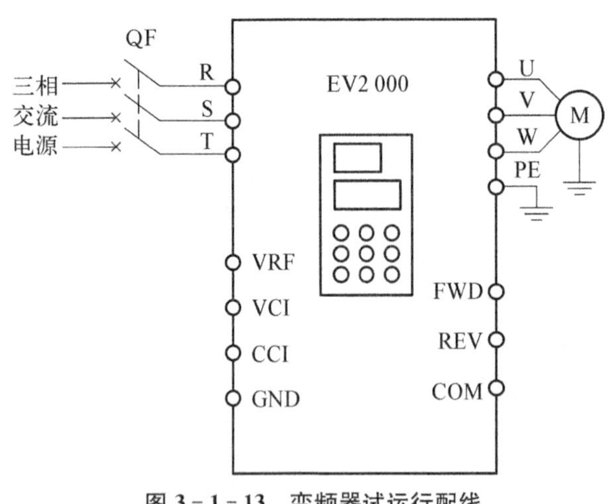

图 3-1-13 变频器试运行配线

(5) 各继电器线圈控制电源正负连接是否正确,连接是否牢靠。

(6) 检查数控系统电缆线连接是否可靠。

2) 清理安装现场

3) 通电试运行

(1) 采用如图 3-1-13 所示配线对变频器试运行。

(2) 接通电源,点动控制各电动机的启动,以检查各电动机的转向是否符合要求。

(3) 通电空转试运行。空转试运行时,应认真观察各电气元器件、线路、电动机及传动装置的工作是否正常。若发现异常,应立即切断电源进行检查,待调整或修复后方可再次通电试运行。

4) 调速性能试验

在主轴正转和反转方式下输入 S150、S900、S1800,观察检测实际转速与指令转速是否相符,相差应在±5%以内。

给定主轴一速度,然后增减主轴倍率,观察检测主轴速度是否按相应比例变化。

注意:电动机和线路的接地要符合要求,严禁采用金属软管作为接地通道;在控制箱外部进行布线时,导线必须穿过导线通道中或穿过敷设在机床底座内的导线通道里,导线的中间不允许有接头;通电检验必须在教师的监护下进行,必须严格遵守安全操作规程。

8. 变频主轴常见电气故障及其维修

在主电路、控制电路或信号电路中人为设置故障,让学生观察故障现象,分析故障原因并试着正确排除故障,严禁产生新的故障。变频主轴常见电气故障及维修如表 3-1-4 所示。

表 3-1-4 变频主轴常见电气故障及维修

故障现象	故障原因	故障处理
主轴不转	供给主轴的三相电源缺相	检查电源线路,用万用表测出断开的线路
	系统与变频器的线路连接错误	查阅系统与变频器的连线说明书,确保连线正确
	模拟电压输出不正常	用万用表检查系统输出的模拟电压是否正常;检查模拟电压信号线连接是否正确或接触不良,变频器接收的模拟电压是否匹配
	强电控制部分断路或元器件损坏	检查主轴供电这一线路各触点连接是否可靠,线路是否断路,直流继电器是否损坏,熔断器是否烧坏

（续表）

故障现象	故障原因	故障处理
主轴转速不受控	系统模拟电压无输出或是与变频器连接存在断路	先检查系统有无模拟电压输出，若无，则为系统故障；若有电压，则检查线路是否存在断路
	系统与变频器连线错误	查阅变频器说明书，检查连线
主轴不能停止	交流接触器或直流继电器损坏，长时间吸合，无法控制	更换交流接触器或直流继电器
恒线速控制下的加工方向不可变	主轴没有使用变频器	必须使用带变频器控制的主轴才具有此功能，并确定变频器正确使用
主轴无制动	制动电路异常或强电元器件损坏	检查桥堆、熔断器、交流接触器是否损坏，检查强电回路是否短路

四、评分标准

序号	项　目	考核内容及要求	得分	评分标准	检测结果	得分
1	变频主轴控制原理图	(1) 主电路部分	15	(1) 绘图不正确，每处扣10分 (2) 绘图不完整，每处扣5分		
		(2) 控制电路部分	5			
		(3) 信号电路部分	18			
2	元器件清单	(1) 元件选择完整 (2) 元件容量选择	8	(1) 元件选择不完整，每一处扣2分 (2) 元件容量选择不正确，每一处扣2分		
3	电气连接	(1) 元件布局 (2) 接线工艺	20	(1) 元器件布局不合理，每一处扣2分 (2) 导线选择不合理，每一处扣2分 (3) 接线工艺不合理，每一处扣2分		
4	结果验证及故障排除	(1) 主轴正反转 (2) 主轴调速 (3) 主轴制动及停止	30	(1) 主轴不能动不得分 (2) 主轴不能正反转，扣10分 (3) 主轴不能制动及停止，扣10分 (4) 主轴转速不受控(变频电动机不能改变速度)，扣10分		
5	安全文明生产	应符合国家安全文明生产的有关规定	4	违反安全操作的有关规定，不得分		

任务 2　主轴系统的机械安装与调试

任务导入

主轴电机是主传动装置的动力源，电动机通过同步带与主轴组件相连接，带动主轴组件一起旋转。图 3-2-1 为电动机与主轴的装配。

任务目标

(1) 能够正确使用装配工具、量具、识读装配图纸，按照 5S 管理要求整理现场。

(2) 理解主轴工作原理与工作特性。

(3) 能够进行主轴机械部件的装调。

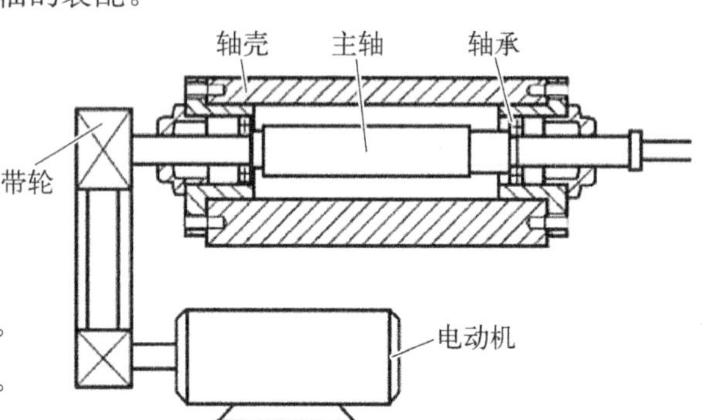

图 3-2-1　电动机与主轴装配

任务分析

主轴部件是数控机床最重要的组成部分，主轴的好坏直接关系到机床的加工精度，主轴部件在外力的作用下将产生较大的变形，容易引起振动，降低加工精度和表面质量。为了使数控机床的主轴系统具有高的刚度，振动小，变形小，噪声低，良好的抵抗受迫振动能力的动态性能，选择主轴时就必须考虑主轴部件的变形。主轴部件是机床实现旋转运动的执行件，是机床上一个重要的部件。主轴部件由主轴、主轴支撑和安装在主轴上的传动件、密封件等组成，铣床的主轴部件还有拉杆和拉爪，如图 3-2-2 所示。

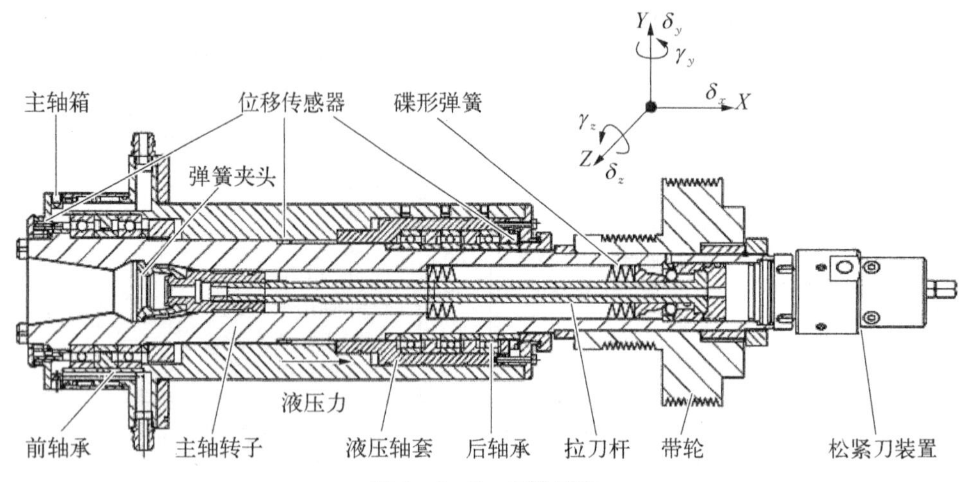

图 3-2-2　主轴结构

任务实施

一、相关知识

1. 电主轴结构及工作原理

主轴电动机和机床主轴合为一体的电主轴，通常采用的是交流高频电动机，故也称为“高频主轴”。

与传统机床主轴相比，电主轴具有如下特点：

(1) 主轴由内装式电动机直接驱动，省去了中间传动环节，具有结构紧凑、机械效率高、噪声低、振动小和精度高等特点。

(2) 采用交流变频调速和矢量控制，输出功率大，调整范围宽，功率转矩特性好。

(3) 机械结构简单，转动惯量小，可实现很高的速度和加速度及定角度的快速准停。

(4) 电主轴更容易实现高速化，其动态精度和动态稳定性更好。

(5) 由于没有中间传动环节的外力作用，主轴运行更平稳，使主轴轴承寿命得到延长。

2. 国内外电主轴技术与发展趋势

电主轴最早用在磨床上，后来才发展到加工中心。强大的精密机械工业不断提出要求，使电主轴的功率和品质不断得到提高。目前电主轴最大转速可达 200 000 r/min，直径范围 33～300 mm，功率范围 125 W～80 kW，扭矩范围 0.02～300 nm。

国外高速电主轴技术研究较早，发展较快，技术水平也处于领先地位，并且随着变频技术及数字技术的发展日趋完善，逐步形成了一系列标准产品，高转速电主轴在机床行业和工业制造业中广泛使用。目前的重点是研究大功率、大扭矩、调速范围宽、能实现快速制启动、准确定位、自动对刀等数字化高标准电主轴单元。

近几年美国、日本、德国、意大利、英国、加拿大和瑞士等工业强国争相投入巨资大力开发此项技术。著名的有德国的 GMN 公司、SIEMENS 公司、意大利的 GAMFIOR 公司及日本三菱公司和安川公司等，它们的技术水平代表了这个领域的世界先进水平。具有功率大、转速高，采用高速、高刚度轴承，精密加工与精密装配工艺水平高和配套控制系统水平高等特点。

3. 电主轴常用电机

1) 异步主轴电机

目前，大多数普通机床通常使用普通异步主轴电机间接驱动主轴。但异步调速主轴电机存在的问题十分明显：效率较低，转矩密度比较小，体积较大，功率因数低。此外，异步电机低速情况下转矩脉动严重，温度会升高，而且控制算法的运算量大。但是随着 DSP 等新型控制器的飞速发展，运算速度可满足异步电机的复杂控制算法，使得异步电机低速性能得到显著提升。

异步主轴电机主要的控制方法有两种：矢量控制和直接转矩控制。

(1) 矢量控制系统，转子磁链矢量的相角 θ_{ψ} 是利用电机电压、电流信号或电流、速度信号观测转子磁链矢量而得到，磁链采用闭环控制。转子磁链矢量的观测也受某些参数变化的影响，但比起间接矢量控制参数变化的影响更容易得到补偿，高速时可获得更精确的转子磁链矢量相角 θ_{ψ}，而且磁链闭环控制可进一步降低对参数变化的敏感性，提高磁场定向准确度。

(2) 直接转矩控制技术是继矢量控制技术之后发展起来的又一种新型的高性能交流调速技术，它避免了繁琐的坐标变换，充分利用电压型逆变器的开关特点，通过不断切换电压状态使定子磁链轨迹为六边形或近似圆形，控制定子磁链，也即调整定于磁链与转子磁链的夹角，从而对电机转矩进行直接控制，使异步电机的磁链和转矩同时按要求快速变化。在维持定子磁链幅值不变的情况下，通过改变定子磁链的旋转速度以控制电机的转速。

以上两种控制方法均能达到较好的控制效果，且目前已有许多成熟的应用。如德国KEB公司的带编码器反馈的闭环异步伺服系统，采用闭环矢量控制，并且同时支持增量型，正余弦及SSI编码器反馈，给系统的组成带来了极大的灵活性。

2) 永磁同步电机

永磁同步电机是另外一种主轴电机，其优点明显：转子温度升高降低，在低限速度下，可以作恒转矩运行。转矩密度高，转动惯量小，动态响应特性更好。对比现有的交流异步电动机，有以下优点：

(1) 工作过程中转子不发热。

(2) 功率密度更高，有利于缩小电主轴的径向尺寸。

(3) 转子的转速严格与电源频率同步。

(4) 也可采用矢量控制。

但是一般情况下，永磁同步电机的同步转速不会超过 3 000 r/min，这就要求永磁同步电机具有较高的弱磁调速功能。在弱磁控制的区间内，电压通常会非常接近极限值，一旦超出电压极限椭圆，d 轴和 q 轴电流调节器将达到饱和，并相互影响，这样通常会导致电流、转矩输出结果变差。人们在弱磁控制方面也提出过不少方法，如改变转子结构，加上特殊铁芯构成磁阻，以加大 l/d 与 l/q 的值等。但实际效果并不理想，并且主轴电机功率要求较高，用永磁同步电机的稀土材料成本过高。

3) 其他形式电机

其他形式电机如开关磁阻电机、同步磁阻电机作为机床主轴的应用，现在也开始慢慢被关注。

二、准备工作

主轴电机、内六角圆柱头螺钉、平垫圈、弹簧垫圈等。

三、实施步骤

序号	作业流程	注意事项	工具
1	先从光机上将主轴电机的法兰板(见图1)拆卸下来,并用柴油清洗干净,确保无锈迹等现象	同步轮皮带与轮连接时不能夹杂脏物,试运转时,如有异常的声响,应停机检查	内六角扳手 电钻 丝攻 吸水吸尘机
2	按安装图纸定好法兰板的固定挡块后,按定好的位置钻孔并攻牙	主轴电机的端子盒处于机床右侧,故法兰板的键槽孔与端子盒应是平行的,这样才能调整到同步轮皮带的松紧度	梅花扳手 十字螺丝批
3	清理主轴箱内脏物,保持主轴箱清洁,不应有铁屑和油污		
4	给主轴箱内底边的所有工艺孔用液态密封胶把自制过滤网粘上,如图2所示		
5	松开打刀缸固定螺丝后,将同步轮皮带套入主轴皮带轮,完成后如图3所示		
6	使法兰板键槽孔与主轴电机端子盒处平行状态套入主轴电机法兰面,然后用梅花扳手把4-M12×36外六角螺钉加垫圈及弹簧垫圈对称锁紧,如图4所示		
7	给主轴电机安装上一对吊环并上紧,如图5所示		
图1　图2　图3　图4			
8	用天车吊起主轴电机至法兰板安装位置,对准安装孔,先用手拧紧4-M12×45的内六角螺钉加垫圈及弹簧垫圈,调好同步轮皮带,使其处于水平位置,然后用力向后推主轴电机,使同步轮皮带拉紧,紧接着用内六角扳手锁紧螺钉	同步轮皮带松紧度,目前只凭经验判别来调节。如果太紧会导致主轴运行时发出的声音比较尖,过松皮带在低速运行时会出现左右摆动或跳动情况	

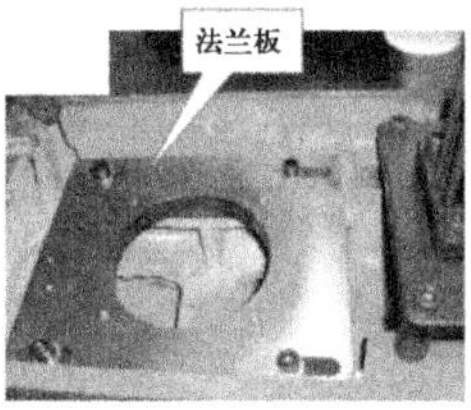

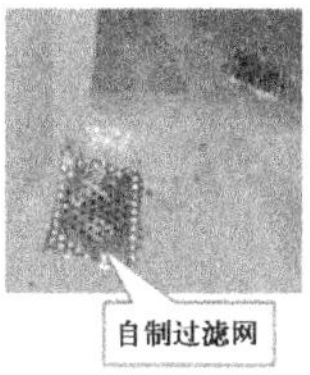

（续表）

序号	作 业 流 程	注 意 事 项	工 具
9	分别将两固定挡块安装在预先打好的螺纹孔位置，用内六角螺钉4－M6×35锁紧，图6为主轴电机的左侧固定挡块。最后把2－M8×40内六角螺钉拧紧，以顶紧法兰板，防止窜动现象发生	主轴电机线有：16P航空插头，标有U1、V1、W1及PE线码的主轴电机电源线，标有K22、K23及PE线码的电机风扇电源线，两条空白线码（带压环）的电机热保护线	
10	主轴电机接线：按对号关系接线，牢固。安装完成后如图7所示（该步应在坦克带安装之后完成）		
11	与电柜的连接，请参照《数控底板接线说明》		

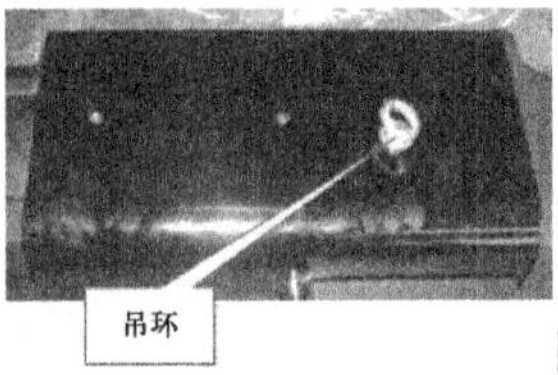

图5 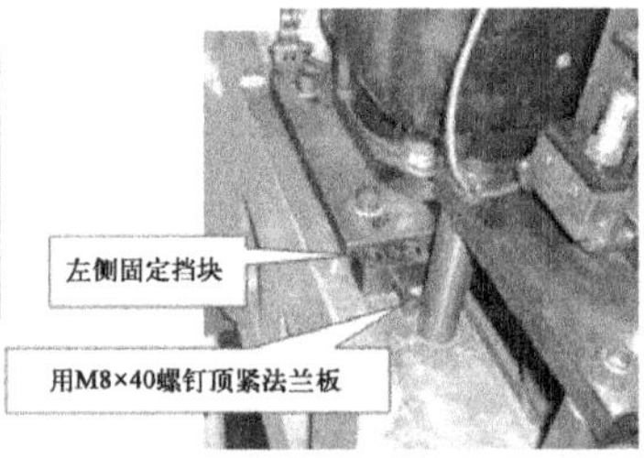　　图6 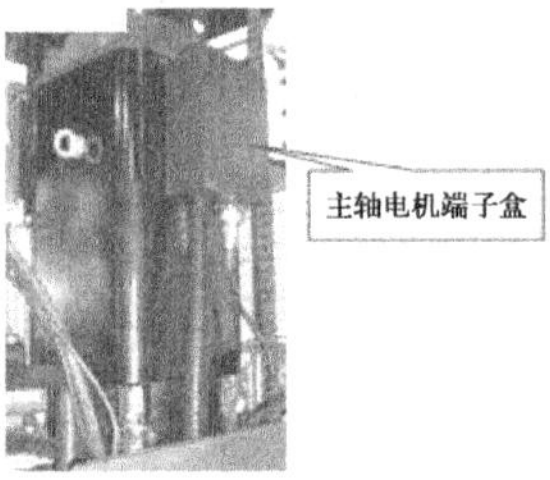　　图7

四、评分标准

序号	项 目	考核内容及要求	得分	评 分 标 准	检测结果	得分
1	工作计划和图纸	工作计划	5分	工作计划不完善，少一项扣1分，材料清单不完整，少一项扣1分，机械识图有错误，每处扣1分		
		材料清单	5分			
		机械识图	10分			
2	部件安装与连接		20分	装配未能完成，扣10分；装配完成，但有紧固件松动现象，每处扣1分		
3	装配工艺 机械安装及装配工艺		20分	装配工艺过程卡片中工序内容不完整，少一项扣1分，电机安装板的安装位置不合理，每处扣2分；电机安装位置不合理扣4分；工量具使用不合理，每项扣2分		

（续表）

序号	项 目	考核内容及要求	得分	评 分 标 准	检测结果	得分
4	测试 （1）同步带与电机轴端间隙量 （2）伺服电机支座轴承盖的紧固螺钉间隙量		30分	间隙量过小产生刮碰，每项扣15分		
5	职业素养与安全意识		10分	现场操作中安全保护符合安全操作规程：工具摆放、包装物品、机械零件等的处理符合职业岗位的要求，团队合作既有分工又有合作，配合紧密；遵守纪律，尊重教师，爱惜设备和器材，保持工位的整洁		

任务3 主轴功能调试

任务导入

某GSK218M系统数控车床配备变频主轴，开机启动后发现主轴不转，或者转速不受控。经排查，发现引发上述故障的原因不在于机械与电气连接方面。那引发这些故障的原因到底是什么呢？该如何检测并排除类似故障以及调整主轴功能呢？

任务目标

（1）能正确操作机床所用的变频器。

（2）能使用系统参数、变频器参数等对数控机床主轴功能进行调整。

（3）能诊断并处理常见的因参数设置不当而引起的主轴故障。

任务分析

变频主轴不转，或者转速不受控制，如果在排除了机械与电气方面的故障原因之后，故障还存在，那么很有可能是系统参数或变频器参数的设置出了问题。因此，掌握数控机床主轴控制CNC参数及变频器参数的含义并能正确设置，是解决此类故障的关键，也是主轴功能调整的关键。

任务实施

一、相关知识

1. GSK218M 系统主轴控制主要 CNC 参数

GSK218M 系统按主轴的控制方式，把主轴分为档位主轴和模拟主轴。

(1) 在档位主轴下，CNC 通过把 S 代码变为开关量输出给主轴，来控制主轴的速度。

(2) 在模拟主轴下，CNC 通过把 S 代码变为模拟量输出给主轴，来控制主轴的速度。

由位参设定为 I/O 点或模拟量控制。

信号地址

	#7	#6	#5	#4	#3	#2	#1	#0
G002				GEAR		GR3	GR2	GR1
G022			SPOV	OVC	SMOV			
F007						TF		
F034						GR3	GR2	GR1

2. 主轴控制 CNC 参数调整

要调整好主轴功能，就得调试好主轴控制 CNC 参数。

1) 主轴自动换档控制

(1) 相关信号。

Y3.4～Y3.6：主轴自动换档输出信号。

X4.1～X4.3：主轴换档到位信号。

当选择主轴变频控制(0～10 V 模拟电压输出)时，本系统可支持 3 个档位主轴自动换档控制、3 个档位换档到位检测功能。

(2) 信号诊断。

① 参数诊断(系统侧输出状态)：Y3.4＝主轴一档输出；Y3.5＝主轴二档输出；Y3.6＝主轴三档输出。

状态地址		Y3.6	Y3.5	Y3.4				
脚　号		XS41.25	XS41.12	XS41.24				

② 参数诊断(机床侧输入状态)：X4.1＝主轴一档到位；X4.2＝主轴二档到位；X4.3＝主轴三档到位。

状态地址					X4.3	X4.2	X4.1	
脚　号					XS45.15	XS45.02	XS45.14	

(3) 控制参数。

① 状态参数：SPT=1，主轴控制类型：I/O 点控制；SPT=0，主轴控制类型：变频或其他方式。

0	0	1						SPT		

② 数据参数 No.246：对应齿轮 1 的最高转速，即主轴一档时变频器对应 10 V 电压时主轴的转速。

2	4	6	

③ 数据参数 No.247：对应齿轮 2 的最高转速，即主轴二档时变频器对应 10 V 电压时主轴的转速。

2	4	7	

④ 数据参数 No.248：对应齿轮 3 的最高转速，即主轴三档时变频器对应 10 V 电压时主轴的转速。

2	4	8	

⑤ 数据参数 No.249：主轴齿轮换档时电机的最高转速，即变频器对应 10V 电压时电机的转速。

2	4	9	

⑥ 数据参数 No.250：主轴齿轮换档时的电机速度，即相对于数据参数 249 的速度。

2	5	0	

注意：当机床有自动换档装置时，K8.4 要设为 1，反之设为 0，自动换档功能无效时，默认为齿轮 1 的最高转速，且保证 246≥247≥248；当主轴档位检测无检测开关时，K9.3 要设为 1，反之设为 0；当主轴是 I/O 点控制时，K4.0 要设为 1。

2) 主轴正反转的输入输出信号控制

相关信号：M03 为主轴正转，M04 为主轴反转，M05 为主轴停止，ENB 为主轴使能，SAR 为主轴速度到达，ZSPD 为主轴零速检测，SION 为主轴定向到位。

(1) 参数诊断(系统侧输出状态)：Y2.2=主轴正转信号输出；Y2.3=主轴反转信号输出；Y2.0=主轴使能。

状态地址					Y2.3	Y2.2		
脚　号					XS41.15	XS41.02		

状态地址								Y2.0
脚　号								XS41.01

(2) 参数诊断(机床侧输入状态)：X4.6＝主轴速度/位置到达信号输入；X4.7＝主轴零速检测信号输入；X5.0＝主轴定向完成信号。

状态地址	X4.7	X4.6						
脚　号	XS45.06	XS45.18						

状态地址								X5.0
脚　号								XS45.8

(3) 数据参数 No.257：攻丝循环时主轴转速上限。

2	5	7	

(4) 数据参数 No.258：主轴转速上限。

2	5	8	

二、FR－E740 型变频器参数

要调试好变频主轴，还得调试好变频器参数。FR－E740 型变频器的参数按功能分组，有 F0～F9、FF、FH、FL、FN、FP、FU 16 组，其中 FH 组为电动机参数，FP 组为参数保护，FP 组为基本运行参数，FL 组为保护相关参数，其他详见该变频器说明书。

变频器参数很多，实际应用中，没必要对每一个参数都进行设置和调试，多数参数只要采用出厂设定值即可。但有些参数和实际机床使用情况有很大关系，并且有的参数之间还相互影响，因此，要根据机床实际进行设定和调试。

三、准备工作

带变频主轴的 GSK218M 系统数控车床或实训台若干，测速计若干个。

四、实施步骤

1. FR－E740 型变频器操作面板的使用及参数设置

对照 FR－E740 型操作面板(见图 3－3－1)，认识并熟悉操作面板各按键功能，并手

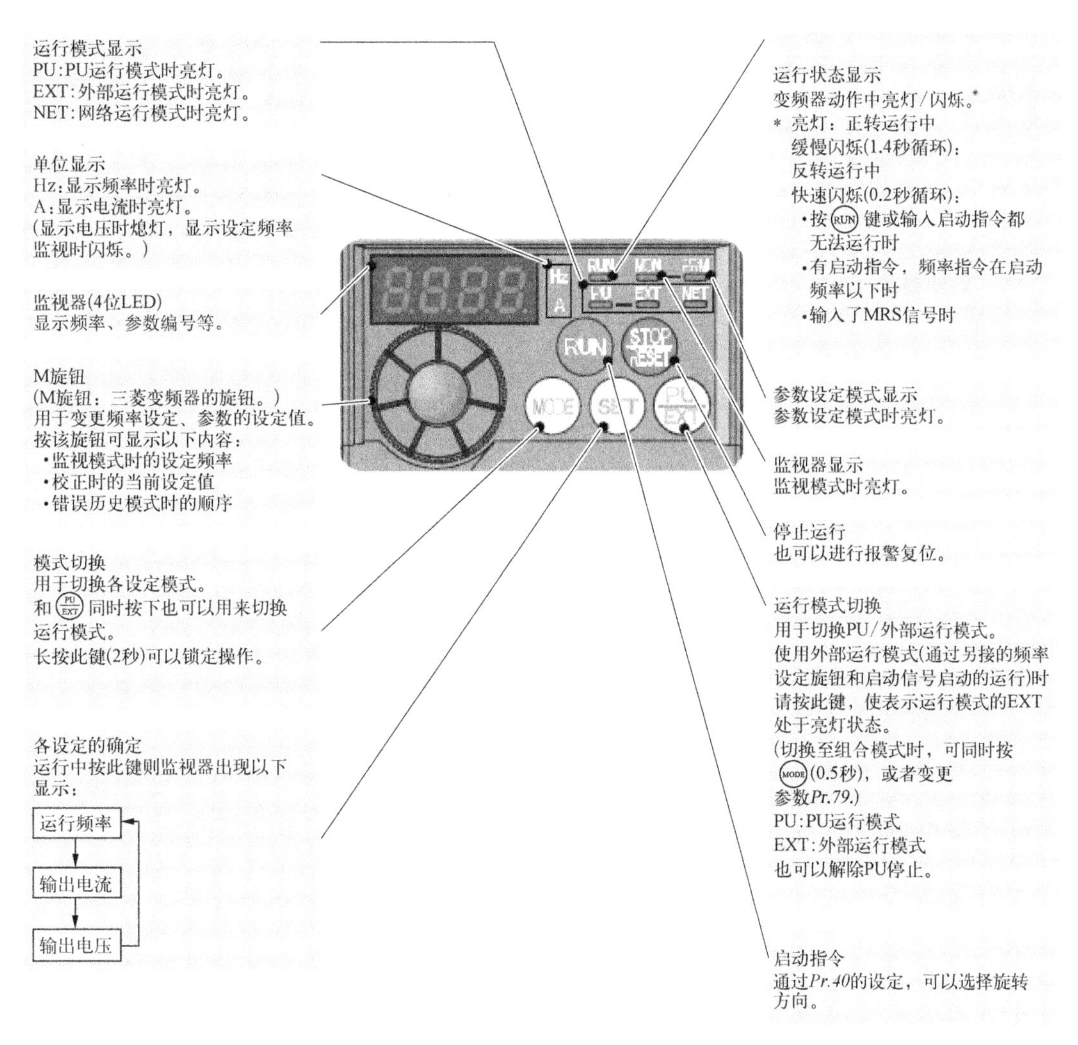

图 3-3-1　FR-E740 操作面板

动操作各按键。

注意：操作面板是变频器接受命令、显示参数的主要单元。使用变频调速器之前，必须要熟悉其面板显示和按键操作。

2. 变频器参数设置

根据本项目任务 1“变频主轴系统的电气安装与调试”及所选电机等实际情况，本课题中的变频器参数参考设置如表 3-3-1 所示。

3. 主轴控制 CNC 参数设置

根据本项目任务 1“变频主轴系统的电气安装与调试”及所选电机等实际情况，设置主轴 CNC 参数，其设置步骤如下：

(1) No.070＝2000。

(2) No.001 Bit4＝1。

表 3-3-1 变频器参数设置

参数编号	名 称	单位	初始值	范 围	用 途	参考页码
0	转矩提升	0.1%	6%/4%/3% *	0%～30%	V/F 控制时,在需要进一步提高启动时的转矩,以及负载后电机不转动、输出报警(OL)且(OC1)发生跳闸的情况下使用。 * 初始值根据变频器容量不同而不同。(0.75 K 以下/1.5 K～3.7 K/5.5 K、7.5 K)	38
1	上限频率	0.01 Hz	120 Hz	0～120 Hz	想设置输出频率的上限时使用。	39
2	下限频率	0.01 Hz	0 Hz	0～120 Hz	想设置输出频率的下限时使用。	
3	基准频率	0.01 Hz	50 Hz	0～400 Hz	请确认电机的额定铭牌。	37
4	3 速设定(高速)	0.01 Hz	50 Hz	0～400 Hz	想用参数预先设定运转速度,用端子切换速度时使用。	57
5	3 速设定(中速)	0.01 Hz	30 Hz	0～400 Hz		
6	3 速设定(低速)	0.01 Hz	10 Hz	0～400 Hz		
7	加速时间	0.1 s	5 s/10 s *	0～3 600 s	可以设定加减速时间。 * 初始值根据变频器容量不同而不同。 (3.7 K 以下/6.5 K、7.5 K)	40
8	减速时间	0.1 s	5 s/10 s *	0～3 600 s		
9	电子过电流保护	0.01 A	变频器额定电流	0～500 A	用变频器对电机进行热保护。设定电机的额定电流。	36
79	操作模式选择	1	0	0、1、2、3、4、6、7	选择启动指令场所和频率设定场所。	41
125	端子 2 频率设定增益	0.01 Hz	50 Hz	0～400 Hz	改变电位器最大值(5 V 初始值)的频率。	60
126	端子 4 频率设定增益	0.01 Hz	50 Hz	0～400 Hz	可变更电流最大输入(20 mA 初始值)时的频率。	62
160	用户参数组读取选择	1	0	0、1、9 999	可以限制通过操作面板或参数单元读取的参数。	—

(3) 校准 No.021、No.036。

(4) No.037=9999。

(5) 在录入方式(MDI 页面中)下录入 M03 S9999 并运行,使主轴旋转,观察屏幕右下角显示器的主轴转速数值。

(6) 将显示的实际转速值重新输入到 No.037 中,再运行。其余档位调整方法与此相同，设置 No.038 按设置→翻页→参数修改开关"开"→录入方式修改。

注意：

① 上述 No.070 参数值仅为参考，具体应视机床情况而定。

② 当前档位为最高转速时，CNC 模拟电压如果高于 10 V 时，数据参数 No.021 应设置得小一些；当输入代码 S0 时，主轴转速还是有缓慢旋转现象，此时表明 CNC 输出的模拟电压高于 0 V，数据参数 No.036 应设置得小一些。

③ 机床没有安装编码器时，可用转速感应仪检测主轴转速，MDI 代码输入 S9999，把转速感应仪显示的转速设定到数据参数 No.037 中。

4. 主轴功能综合调试

主轴功能综合检测调试时，首先要注意切换机床的工作状态，按如表 3-3-2 所示项目检查，并将检查结果填入表中。

表 3-3-2　主轴功能试运行

工作方式	检查项目	检　验　方　法	是否正常	故障现象、原因分析及排除记录
手动方式	主轴正转	按主轴正转键，主轴正转		
	主轴停止	按主轴停止键，主轴停止旋转		
	主轴反转	按主轴反转键，主轴反转		
	主轴点动	按主轴点动键，主轴正转，几秒钟后停止运行		
MDI 或自动方式	M03	输入 M03 S500 后，主轴正转(S设为 500)		
	M04	输入 M04 S500 后，主轴反转(S设为 500)		
	M05	输入 M05 后，主轴停止旋转		
	S指令	分别在主轴正转和反转方式下输入 S150/S900/S1800，观察实际转速与指令转速是否相符，相差应在±5%内		
	主轴修调	给定主轴一个速度，然后增减主轴倍率，主轴速度应该按相应比例变化		

注意：在 MDI 或自动方式下检查 M03～M05 时，此三项对速度无要求，主轴旋转即可；检查 S 指令与主轴调试时，一定要老师亲自操作机床检查主轴不同速度的偏差值，如果指令速度与实际速度误差超过−10%～10%，则此项不合格。

5. 主轴常见参数设置不当的故障及其维修

人为设置两处参数设置不当的故障，让学生观察故障现象，分析故障原因并在老师的引导下正确排除故障，严禁产生新的故障。主轴常见参数设置不当的故障及检修如表 3-3-3 所示。

表 3-3-3　主轴常见参数设置不当的故障及检修

故障现象	故障原因	故障处理
变频主轴不转	数控系统的变频器控制参数未打开	了解变频器参数并更改
	变频器参数未调好	变频器内含有控制方式选择，分为变频器面板控制主轴方式、NC 系统控制主轴方式等，若不选择 NC 系统控制方式，则无法用系统控制主轴，修改这一参数；检查相关参数设置是否合理
主轴转速不受控	系统参数或变频器未设置好	打开系统变频参数，调整变频器参数
主轴无制动	制动时间不够长	调整系统或变频器的制动时间参数
	变频器控制参数未调好	正确设置变频器参数
主轴启动后立即停止	变频器处于点动状态	设置好变频器参数
	主轴控制回路没有带自锁电路，而把参数设置为脉冲信号输出，使主轴不能正常运转	将系统控制主轴的启停参数改为电平控制方式
螺纹前几个牙乱牙，之后的部分正常	螺纹开始及结束部分，由于升降速的原因，会出现导程不正确部分。因此，需预留一段空车距离，随着参数的调节，这个距离也不一样	调整系统参数

五、评分标准

序号	项　目	考核内容及要求	得分	评分标准	检测结果	得分
1	变频器参数	检查主轴变频器参数设置是否正确	35	变频器参数设置不合理，每处扣 5 分		
2	主轴控制相关参数	主轴控制相关参数正确设置	40	主轴控制参数设置不合理，每处扣 5 分		
3	结果验证	能在手动方式、MDI 方式或自动方式下进行主轴功能综合调试	20	(1) 主轴不能正反转不得分 (2) 主轴不能停止与点动，分别扣 5 分 (3) 主轴不能变速，扣 10 分 (4) 主轴倍率不能修调，扣 10 分		
4	安全文明生产	应符合国家安全文明生产的有关规定	5	违反安全操作的有关规定，不得分		

项目四　数控机床的调试与运行

数控机床种类、规格、型号繁多，不同生产厂家的数控机床参数设置与调试方法不尽相同，但基本组成大同小异，主要系统参数设置、调试和 PLC 调试两大部分组成。本项目以某数控车床（GSK980TD 系统）为例，阐述数控车床的参数设置、调试和 PLC 调试过程。

任务 1　数控机床参数设置

任务导入

一台完整的数控机床，除了具有机械零部件与电气部件，还需配置参数，随机附带的参数表是机床的重要技术资料。那么，参数有什么作用？有哪些种类？在设备安装与调试、使用与维护过程中能否对参数进行相应的操作？

任务目标

(1) 了解数控机床参数知识。

(2) 能查阅资料，读懂 GSK218M 系统各参数。

(3) 能完成 GSK218M 系统数控车床参数的调出、显示与修改。

任务分析

数控机床的参数是数控系统所用软件应用的外部条件，在数控机床的管理与维护中起着非常重要的作用，这些参数设置正确与否直接影响数控机床的使用及其性能的发挥。数控机床在出厂前，已为所采用的 CNC 系统设置了初始参数，在数控维修中，有时要利用机床某些参数调整机床，有些参数要根据机床的运行状态进行必要的修正。实践证明，充分了解参数的含义会给数控机床的故障诊断和维修带来很大的方便，会大大减少故障诊断的时间，提高机床的利用率。所以，维修人员要熟悉数控机床参数，要掌握参数的设置、修改、备份与恢复方法。

本任务介绍数控机床参数及GSK218M系统参数的设置、修改、备份与恢复。

任务实施

一、相关知识

1. 数控机床参数的分类

无论是哪种型号的CNC系统都有大量的参数，少则几百个，多则上千个。

1）按参数的表示形式分类

数控机床的参数按表示形式可分为状态型参数、比率型参数和真实值参数三类。

（1）状态型参数。状态型参数是指每项参数的八位二进制数位中，每一位都表示了一种独立的状态或某种功能的有无。

（2）比率型参数。比率型参数是指某项参数设置的某几位所表示的数值都是某种参量的比例系数。

（3）真实值参数。真实值参数表示系统某个参数的真实值。这类参数的设定范围一般是规定好的，用户在使用时一定要注意其所表示的范围，以免设定的参数超出范围值。

2）按参数本身的性质分类

数控机床的参数按性质可分为普通型参数和秘密级参数两类。

（1）普通型参数。凡是在CNC制造厂家提供的资料上有详细介绍的参数均可视为普通型参数。这类参数只要按照资料上的说明弄清含义，能正确、灵活应用即可。

（2）秘密级参数。秘密级参数是指数控系统的生产厂家在各类公开发行的资料所提供的参数说明中，均有一些参数不作介绍，只是在随机床所附带的参数表中有初始的设定值，用户搞不清其具体的含义。如果这类参数发生改变，用户将不知所措，必须请该厂家专业人员进行维护和维修。

2. GSK218M-CNC参数

1）GSK218M-CNC参数种类

按序号来分，GSK218M系统参数包括状态参数和数据参数；按功能来分，GSK218M系统参数包括X/Z轴控制逻辑、加减速控制、螺纹功能、主轴控制、卡盘控制等参数，详见GSK218M-CNC使用手册。状态参数和数据参数在计算机上显示的序号是从零开始的，与CNC中的参数顺序一一对应。

GSK218M系统状态参数中的每个数据号由8位组成，每一位有不同的意义，每一位都是0或1两种状态，其结构如表4-1-1所示。有些参数值的范围比较大，不只是0和1

两种状态，所以需要多个位来存储，这样的参数称为数据参数，表 4-1-1 中的No.037～No.040 参数即为数据参数。

表 4-1-1　GSK218M 系统参数结构

<table>
<tr><th>参数类型</th><th colspan="9">参数结构及参数举例</th></tr>
<tr><td rowspan="4">状态参数</td><td>参数号</td><td>BIT7</td><td>BIT6</td><td>BIT5</td><td>BIT4</td><td>BIT3</td><td>BIT2</td><td>BIT1</td><td>BIT0</td></tr>
<tr><td colspan="9">例：</td></tr>
<tr><td>0 0 1</td><td>***</td><td>***</td><td>***</td><td>模拟主轴</td><td>手轮</td><td>半径编程</td><td>***</td><td>***</td></tr>
<tr><td colspan="9">BIT4 1：主轴转速模拟电压控制
0：主轴转速开关量控制</td></tr>
<tr><td rowspan="7">数据参数</td><td>参数号</td><td colspan="8">数据</td></tr>
<tr><td colspan="9">示例：</td></tr>
<tr><td>0 3 7</td><td colspan="8">GRMAX1</td></tr>
<tr><td>0 3 8</td><td colspan="8">GRMAX2</td></tr>
<tr><td>0 3 9</td><td colspan="8">GRMAX3</td></tr>
<tr><td>0 4 0</td><td colspan="8">GRMAX4</td></tr>
<tr><td colspan="9">GRMAX1、GRMAX2、GRMAX3、GRMAX4：主轴模拟电压输出为 10 V 时，分别对应第 1、2、3、4 主轴档位的最高转速，设定范围为 10～9 999 r/min</td></tr>
</table>

注意：用户需要从计算机上传输状态参数和数据参数，CNC 的操作权限必须是 3 级及其以上。用户需要从计算机上传输螺距补偿参数，CNC 的操作权限必须是 2 级及其以上。

2）GSK218M-CNC 参数设置权限

为了防止加工程序、CNC 参数被恶意修改，GSK218M 系统提供了权限设置功能，密码等级分为 4 级，由高到低分别是 2 级（机床厂家级）、3 级（设备管理级）、4 级（工艺员级）、5 级（加工操作级），CNC 当前所处的操作级别由图 4-1-1 所示的权限设置页面的“当前操作级别：×”进行显示。

GSK218M 系统定义的密码数据长度和操作级别是对应的，用户不能根据个人想象随意增加或减少密码数据的长度。

2 级：机床厂家级，允许修改 CNC 的状态参数、数据参数、螺距补偿数据、刀具补偿数

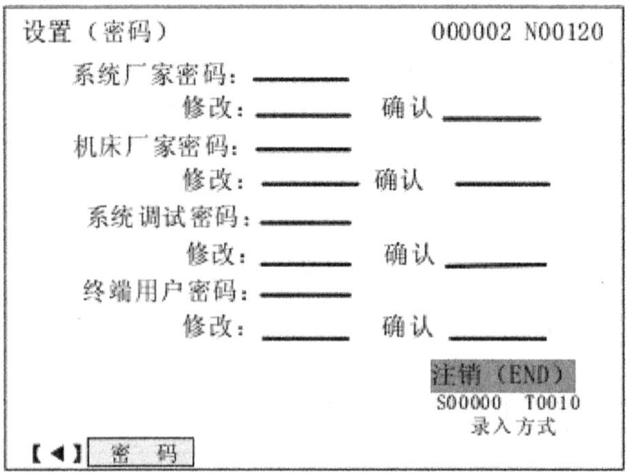

设置（密码）　　000002 N00120

系统厂家密码：
修改：　确认
机床厂家密码：
修改：　确认
系统调试密码：
修改：　确认
终端用户密码：
修改：　确认

注销（END）
S00000　T0010
录入方式

【◀】密　码

图4-1-1　权限设置页面

据、编辑零件程序、传输PLC梯形图等。

3级：初始密码为12345，允许修改CNC的状态参数、数据参数、刀具补偿数据、编辑零件程序。

4级：初始密码为1234，可修改刀具补偿数据（进行对刀操作）、宏变量，编辑零件程序，不可修改CNC的状态参数、数据参数及螺补数据。

5级：无密码级别，可进行机床操作面板的操作，不可修改刀具补偿数据，不可选择零件程序，不可编辑程序，不可修改CNC的状态参数、数据参数及螺距补偿数据。

二、准备工作

GSK218M数控车床或者数控铣床实训台若干台，GSK218M数控铣床参数表若干份。

三、实施步骤

1. 准备工作

对照GSK218M系统参数表，阅读参数，能看懂各参数的意义。

2. 开关设置

只有在参数开关打开时，才可以修改参数；只有在程序开关打开时，才可以编辑程序；只有在自动序号开关打开时，程序编辑时才会自动加程序段顺序号。因此，首先要进行开关设置。

(1) 使用上下方向键，使光标移到需变更的项目上。

(2) 打开参数开关须在录入方式下，关闭参数可在任意操作方式下。

(3) 在【设置(密码)】页面设定密码后，方可打开程序开关，否则系统将出现“无权限修改”报警。打开以及关闭程序开关可在任意操作方式下。

(4) 按左右方向键设定参数或程序开关。当参数开关设为“关”时，禁止对系统参数进行修改、设置，当程序开关设为“关”时，禁止编辑程序，如图 4－1－2 所示。

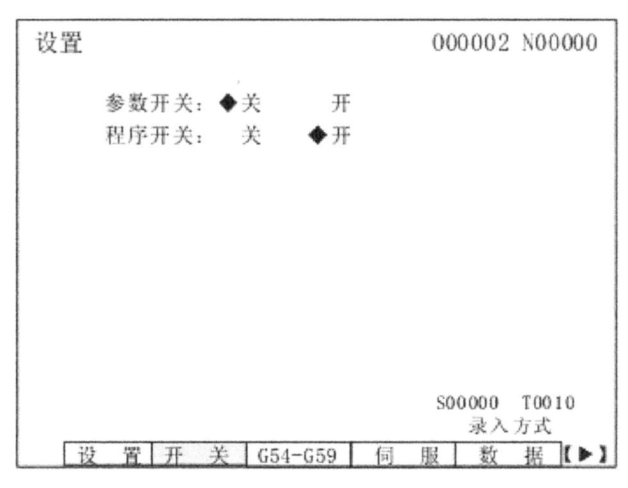

图 4－1－2　开关设置

3. 参数的显示、修改与设置

1) 参数的显示

按【参数 PAR】键进入参数页面显示，参数页面内有【位参】、【数参】、【宏变量 1】和【宏变量 2】四个显示页面，可通过相应软键进行查看或修改。

(1) 位参页面：按【位参】键进入位参界面(见图 4－1－3)。

位参数　　000002 N00120

序号	数据							
0000	0	0	1	0	0	0	1	0
	****	****	SEQ	****	****	INI	ISO	****
0001	1	0	1	1	1	1	0	0
	SJZ	****	MIRz	MIRy	MIRx	SPT	****	****
0002	1	1	0	0	1	1	0	0
	ND3	IOP	****	****	ASI1	SB1	ASI0	SB0
0003	0	0	1	1	1	0	0	0
	****	****	DIR5	DIR4	DIRZ	DIRY	DIRX	INM
0004	1	0	0	1	0	0	0	0
	IDG	****	****	XIK	AZR	SFD	****	JAX
0005	1	0	0	0	0	0	0	0
	IPR	****	****	****	****	****	ISC	****

数据　　S00000　T0010

录入方式

位　参　｜　数　参　｜　宏变量 1　｜　宏变量 2

图 4－1－3　位参页面

(2) 数参页面：按【数参】键进入数参界面(见图 4－1－4)。

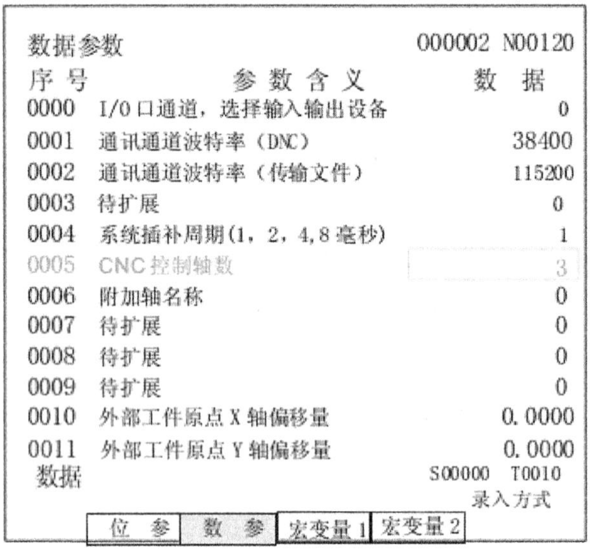

数据参数 000002 N00120

序号	参数含义	数据
0000	I/O口通道，选择输入输出设备	0
0001	通讯通道波特率（DNC）	38400
0002	通讯通道波特率（传输文件）	115200
0003	待扩展	0
0004	系统插补周期(1，2，4,8毫秒)	1
0005	CNC控制轴数	3
0006	附加轴名称	0
0007	待扩展	0
0008	待扩展	0
0009	待扩展	0
0010	外部工件原点X轴偏移量	0.0000
0011	外部工件原点Y轴偏移量	0.0000

数据 S00000 T0010

录入方式

位参 数参 宏变量1 宏变量2

图4-1-4 数参页面

(3) 宏变量1页面：按【宏变量1】键进入宏变量1参界面(见图4-1-5)。

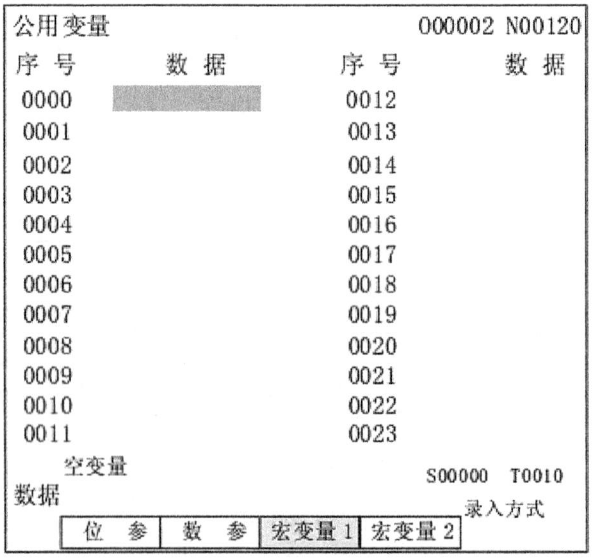

公用变量 000002 N00120

序号	数据	序号	数据
0000		0012	
0001		0013	
0002		0014	
0003		0015	
0004		0016	
0005		0017	
0006		0018	
0007		0019	
0008		0020	
0009		0021	
0010		0022	
0011		0023	

空变量

数据 S00000 T0010

录入方式

位参 数参 宏变量1 宏变量2

图4-1-5 宏变量1页面

(4) 宏变量2页面：按【宏变量2】键进入宏变量2参界面(见图4-1-6)。

2) 参数的修改与设置

(1) 位置参数的修改设置。

① 字节修改。

a. 选择＜录入＞操作方式。

系统变量　　　　　　　　　　000002 N00120

序号	数据	序号	数据
1000	0	1012	0
1001	0	1013	0
1002	0	1014	0
1003	0	1015	0
1004	0	1016	0
1005	0	1017	0
1006	0	1018	0
1007	0	1019	0
1008	0	1020	0
1009	0	1021	0
1010	0	1022	0
1011	0	1023	0

接口输入信号
序号　　　　　　　　　　S00000　T0010
　　　　　　　　　　　　录入方式
位　参 | 数　参 | 宏变量1 | 宏变量2

图 4-1-6　宏变量 2 页面

b. 在【设置(开关)】界面下,打开参数开关。

c. 按【位参】键进入位置参数显示界面。

d. 把光标移到需修改的参数号所在位置:

方法 1:按翻页键显示出要设定参数所在的页;按上下方向键移动光标,定位到需修改的参数号位置。

方法 2:按面板的<搜索>键,输入要修改的参数序号,按回车 ENTER键确认,光标直接定位到输入的参数序号上。

e. 用数字键输入新的参数值。修改不同等级参数,需输入相应等级的权限。

f. 按回车 ENTER键确认,参数值被输入并显示出来。

g. 为安全起见,所有的参数设定及确认结束后,关闭参数开关。

h. 示例:将位置参数 No.3#1(DIRX)设置为 1,其余各位参数保持不变。操作步骤如下:按上述 a 至 c 操作后,将光标移动到 No.3 上,在提示行中依次键入 00011 010,如图 4-1-7所示。再按回车 ENTER键,参数修改完成,显示页面如图 4-1-8 所示。

② 按位修改。

a. 选择<录入>操作方式。

b. 在【设置(开关)】界面下,打开参数开关。

c. 按【位参】键进入位置参数显示界面。

d. 把光标移到需修改的参数号所在位置:

方法 1:按翻页键显示出要设定参数所在的页;按上下方向键移动光标,定位需修改

位参数　　000002 N00120

序号	数据							
0000	0	0	1	0	0	0	1	0
	****	****	SEQ	****	****	INI	ISO	****
0001	1	0	1	1	1	1	0	0
	SJZ	****	MIRz	MIRy	MIRx	SPT	****	****
0002	1	1	0	0	1	1	0	0
	ND3	IOP	****	****	ASI1	SB1	ASI0	SB0
0003	0	0	0	1	1	0	0	0
	****	****	****	DIR4	DIRZ	DIRY	DIRX	INM
0004	1	0	0	1	0	0	0	0
	IDG	****	****	XIK	AZR	SFD	****	JAX
0005	1	0	0	0	0	0	0	0
	IPR	****	****	****	****	****	ISC	****

数据　00011010　　S00000　T0010

录入方式

位参　数参　宏变量1　宏变量2

图 4-1-7　示例输入

位参数　　000002 N00120

序号	数据							
0000	0	0	1	0	0	0	1	0
	****	****	SEQ	****	****	INI	ISO	****
0001	1	0	1	1	1	1	0	0
	SJZ	****	MIRz	MIRy	MIRx	SPT	****	****
0002	1	1	0	0	1	1	0	0
	ND3	IOP	****	****	ASI1	SB1	ASI0	SB0
0003	0	0	0	1	1	0	1	0
	****	****	****	DIR4	DIRZ	DIRY	DIRX	INM
0004	1	0	0	1	0	0	0	0
	IDG	****	****	XIK	AZR	SFD	****	JAX
0005	1	0	0	0	0	0	0	0
	IPR	****	****	****	****	****	ISC	****

数据　　S00000　T0010

录入方式

位参　数参　宏变量1　宏变量2

图 4-1-8　修改完成

的参数号位置。

方法 2：按面板的<搜索>键，输入要修改的参数序号，按回车ENTER键确认，光标直接定位到输入的参数序号上。

e. 按左右方向键移动光标至需要修改的位上。

f. 用数字键输入新的参数值。修改不同等级参数，需输入相应等级的权限。

g. 按回车ENTER键确认，参数值被输入并显示出来。

h. 为安全起见，所有的参数设定及确认结束后，关闭参数开关。

i. 示例：将位置参数 No.3＃1(DIRX)设置为1，其余各位参数保持不变。操作步骤如下：按上述 a 至 c 操作后，将光标移动到 No.3 上，然后按左右方向键将光标定位在 Bit1 位上，在提示行中，键入 1，如图 4－1－9 所示。再按
回车
ENTER
键，参数修改完成，显示页面如图 4－1－10 所示。

位参数　000002 N00120
序号　数据
0000　0 0 1 0 0 0 1 0
**** **** SEQ **** **** INI ISO ****
0001　1 0 1 1 1 1 0 0
SJZ **** MIRz MIRy MIRx SPT **** ****
0002　1 1 0 0 1 1 0 0
ND3 IOP **** **** ASI1 SB1 ASIO SBO
0003　0 0 0 1 1 0 0 0
**** **** **** DIR4 DIRZ DIRY DIRX INM
0004　1 0 0 1 0 0 0 0
IDG **** **** XIK AZR SFD **** JAX
0005　1 0 0 0 0 0 0 0
IPR **** **** **** **** **** ISC ****
X轴进给方向取反
S00000　T0010
数据　1
录入方式
位参　数参　宏变量1　宏变量2

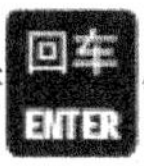

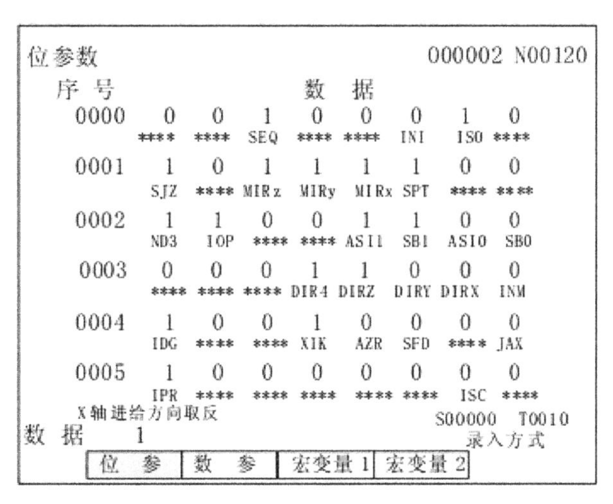

图 4－1－9　示例输入

位参数　000002 N00120
序号　数据
0000　0 0 1 0 0 0 1 0
**** **** SEQ **** **** INI ISO ****
0001　1 0 1 1 1 1 0 0
SJZ **** MIRz MIRy MIRx SPT **** ****
0002　1 1 0 0 1 1 0 0
ND3 IOP **** **** ASI1 SB1 ASIO SBO
0003　0 0 0 1 1 0 1 0
**** **** **** DIR4 DIRZ DIRY DIRX INM
0004　1 0 0 1 0 0 0 0
IDG **** **** XIK AZR SFD **** JAX
0005　1 0 0 0 0 0 0 0
IPR **** **** **** **** **** ISC ****
X轴进给方向取反
S00000　T0010
数据
录入方式
位参　数参　宏变量1　宏变量2

图 4－1－10　修改完成

注意：部分参数修改后，系统出现“修改了必须切断一次电源的参数”报警，需系统重新上电后参数才能生效。

(2) 数据参数的修改设置。

① 选择＜录入＞操作方式。

② 在【设置(开关)】界面下，打开参数开关。

③ 按【数参】键进入数据参数显示界面。

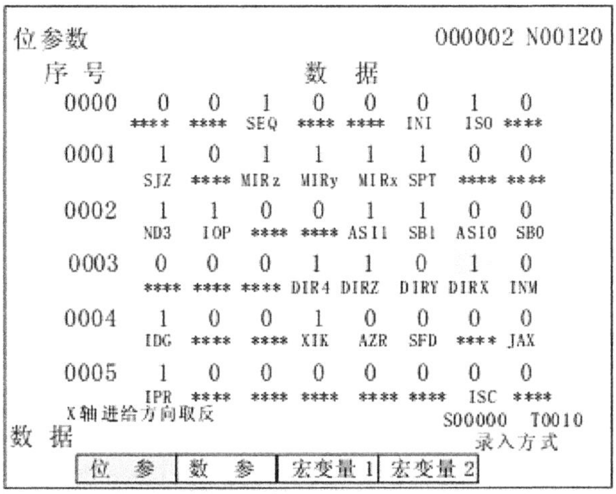

④ 把光标移到需修改的参数号所在位置：

方法 1：按翻页键显示出要设定参数所在的页；按上下方向键移动光标，定位需修改的参数号位置。

方法 2：按面板的＜搜索＞键，输入要修改的参数序号，按回车 ENTER键确认，光标直接定位到输入的参数序号上。

⑤ 用数字键输入新的参数值(修改不同等级参数，需输入相应等级的权限)。

⑥ 按回车 ENTER键确认，参数值被输入并显示出来。

⑦ 为安全起见，所有的参数设定及确认结束后，关闭参数开关。

⑧ 示例：将数据参数 P005 号设置为 4，操作步骤如下：按上述①至③操作后，将光标移动到 P005 号数据参数上，在提示行中键入 4，如图 4-1-11 所示。再按回车 ENTER键，参数修改完成，显示页面如图 4-1-12 所示。

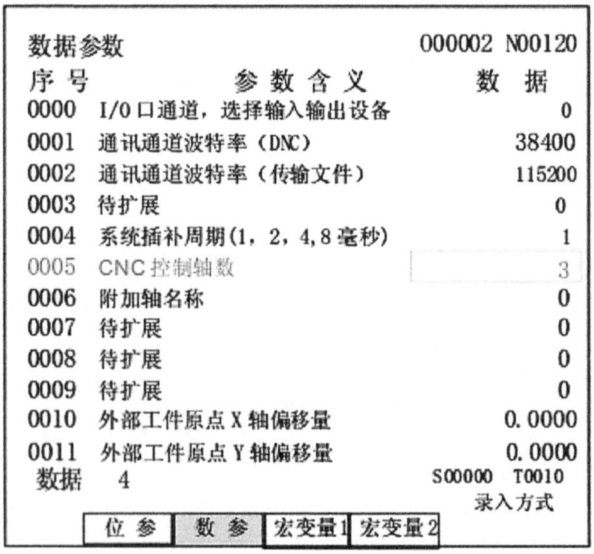

数据参数 000002 N00120

序号	参数含义	数据
0000	I/O 口通道，选择输入输出设备	0
0001	通讯通道波特率 (DNC)	38400
0002	通讯通道波特率 (传输文件)	115200
0003	待扩展	0
0004	系统插补周期(1，2，4，8 毫秒)	1
0005	CNC 控制轴数	3
0006	附加轴名称	0
0007	待扩展	0
0008	待扩展	0
0009	待扩展	0
0010	外部工件原点 X 轴偏移量	0.0000
0011	外部工件原点 Y 轴偏移量	0.0000

数据 4 S00000 T0010

录入方式

位 参 | 数 参 | 宏变量1 | 宏变量2

图 4-1-11 示例输入

4. 参数的恢复与备份

用户可根据需要将用户数据(包括梯形图、梯形图参数、系统参数值、刀具补偿值、螺距补偿值、系统宏变量、系统宏程序、系统子程序)进行备份(保存)及恢复(读取)；同时备份的文件可通过 U 盘或者 PC 机进行数据输出、数据输入操作。

(1) 选择＜录入＞操作方式。

(2) 进入【设置(密码)】页面，输入调试级别或以上权限密码。系统宏程序、系统子程

数据参数		000002 N00120
序 号	参 数 含 义	数 据
0000	I/O 口通道，选择输入输出设备	0
0001	通讯通道波特率（DNC）	38400
0002	通讯通道波特率（传输文件）	115200
0003	待扩展	0
0004	系统插补周期(1，2，4，8 毫秒)	1
0005	CNC 控制轴数	4
0006	附加轴名称	0
0007	待扩展	0
0008	待扩展	0
0009	待扩展	0
0010	外部工件原点 X 轴偏移量	0.0000
0011	外部工件原点 Y 轴偏移量	0.0000

数据　S00000　T0010　录入方式

位 参｜数 参｜宏变量 1｜宏变量 2

图 4-1-12　修改完成

序只需终端用户级别或以上权限密码。

(3) 按 设置 SET 键进入【设置(数据处理)】界面。

(4) 按光标移动至目标位置，按 回车 ENTER 键完成数据的备份与恢复操作。

(5) 操作成功，系统将提示“操作完成”，如图 4-1-13 所示。

注意：数据备份后系统生成了一个后缀名为“.Bak”的备份文件，数据还原实际上就是把这个备份文件还原到系统上；备份文件可根据用户需要，通过数据输出、数据输入操作，复制到其他 GSK218M 系统上以方便调试，复制到其他系统上后，需执行数据还原操

设置（数据处理）　000002 N00120

	数据备份	数据还原	数据输出	数据输入
梯图（PLC）：	□	□	□	□
参数（PLC）：	□	□	□	□
系统参数值：	□	□	□	□
刀具补偿值 ：	□	□	□	□
螺距补偿值 ：	□	□	□	□
系统宏变量 ：	□	□	□	□
系统宏程序 ：	□	□	□	□
系统子程序 ：	□	□	□	□
CNC 零件程序：			□	□

操作完成　S00000　T0010　录入方式

设 置｜开 关｜G54-G59｜伺 服｜数 据｜【▶】

图 4-1-13　操作完成

作，才能将原系统的数据导入到新的系统上。

四、评分标准

序号	项　目	考核内容及要求	得分	评 分 标 准	检测结果	得分
1	识读参数	理解参数的重要性并会正确识读各参数	20	不能对照有关资料正确理解各参数含义，每处扣2分		
2	开关设置	开关设置步骤	15	设置步骤不正确不得分		
3	参数设置与修改	状态参数、数据参数设置与修改步骤	30	状态参数、数据参数设置与修改步骤不正确不得分		
4	数据恢复与备份	数据恢复与备份步骤	25	数据恢复与各份步骤不正确不得分		
5	安全文明生产	应符合国家安全文明生产的有关规定	10	违反安全操作的有关规定，不得分		

任务2　数控机床PLC编程与调试

任务导入

GSK218M－CNC车床操作面板上有许多按钮，如［换刀］，是一个换刀按钮，为什么一旦操作者按下［换刀］钮，机床就能完成手动换刀呢？

任务目标

(1) 能读懂数控机床梯形图。
(2) 熟悉GSK218M－PLC的地址分配。
(3) 熟悉GSK218M－PLC、CNC、机床之间的信息交换。
(4) 掌握数控机床PLC的控制原理。

任务分析

在数控机床中，数控机床的操作面板、外部开关输入信号、输出信号以及M、S、T功能等均由 PLC 控制完成,如机床操作面板上的按钮,就是由 PLC 控制的。那么 PLC 是怎样实现这些控制任务的呢? 要实现这些控制,就得有控制信号,而控制信号是置于地址中的,那么数控机床 PLC 的地址是如何分配的? PLC、CNC 与机床之间的信息又是怎样交换的?

不同的 PLC 其信息交换方式是不一样的。本任务以 GSK218M 系统中的[换刀]钮为导引,以 PLC 怎样控制"手动换刀"为主线,完成对数控机床 PLC 控制原理的理解与掌握;同时加深对 GSK218M - PLC 梯形图相关知识的理解与掌握,为后续各功能梯形图的阅读与分析打好基础。具体学习步骤为:编制"手动顺序换刀"部分程序(要能编制 PLC 程序,先要熟悉数控机床 PLC 相关指令知识)→GSK218M - PLC 地址分配→GSK218M - PLC、CNC、机床之间的信息交换。

任务实施

一、相关知识

1. 数控机床 PLC 种类

根据所用 PLC 与 CNC 装置之间的关系,数控机床 PLC 分为内装型、独立型两种。

1) 内装型 PLC

内装型 PLC 又叫内置型 PLC 或集成型 PLC,CNC 的生产厂家为实现数控机床的顺序控制而将 CNC 和 PLC 综合起来设计,PLC 从属于 CNC,PLC 与 CNC 装置之间的信号传送在 CNC 装置内部实现,PLC 与数控机床之间的信号传送通过 CNC 的 I/O 接口电路实现,如图 4 - 2 - 1 所示。PLC 中的信息也能通过 CNC 的显示器显示。内装型 PLC 结构紧凑,外部接线简单,可靠性高,功能针对性强,性价比较高,但 I/O 点数不能太多,功能受限。GSK218M 数控车床系统用的是内装型 PLC。

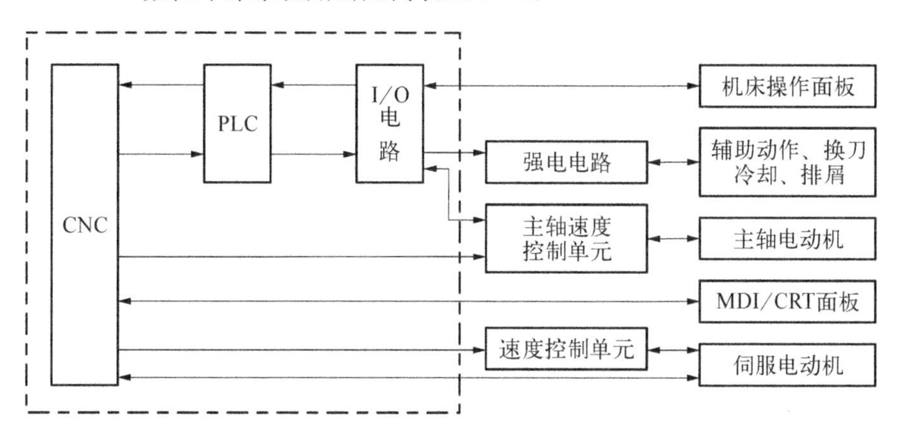

图 4 - 2 - 1　内装型 PLC、CNC 与数控机床的关系

2）独立型 PLC

独立型 PLC 又称外装型 PLC 或通用型 PLC，独立型 PLC 独立于 CNC 装置，一般采用模块化或插板式结构，它的 CPU、系统程序、用户程序、I/O 电路、通信等均设计成独立的模块。PLC 与 CNC 是通过 I/O 接口连接的，如图 4-2-2 所示。独立型 PLC 配置灵活，不受 CNC 的限制，功能易于扩展和变更，但是连线复杂，性价比较低。

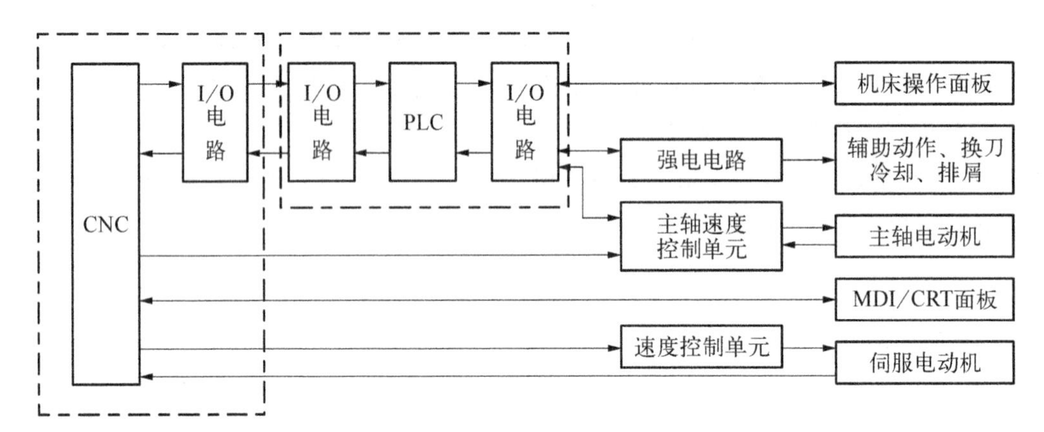

图 4-2-2　独立型 PLC、CNC 与数控机床的关系

2. CNC 侧与 MT 侧

以 PLC 为界，将数控机床分为 CNC 侧和 MT 侧。

1）CNC 侧

CNC 侧包括系统的硬件、软件以及 CNC 系统的外围设备。

2）MT 侧

MT 侧即机床侧，包括机床的机械部分、液压、气压、冷却、润滑、排屑等辅助装置，以及机床操作面板、继电器线路、机床强电线路等。

3. 信号与地址

信号指的是某种功能，如急停信号(ESP)、主轴点动信号(SPHD)、地址指的是各种信号在 PLC 内存中存放的位置，如急停信号 X0000.5，主轴点动信号(SPHD)的地址是 G0200.0，报警信号(AL)的地址是 F0001.0。

地址由地址类型、地址号和位号三部分组成，如图 4-2-3 所示。

GSK218M-PLC 地址类型包括 X、Y、G、F、R、A、K、C、DC、T、DT、D、L、P；地址号为十进制编号，表示一个字节；位号为八进制编号，0～7 分别表示地址号代表的字节的 0～7 位。

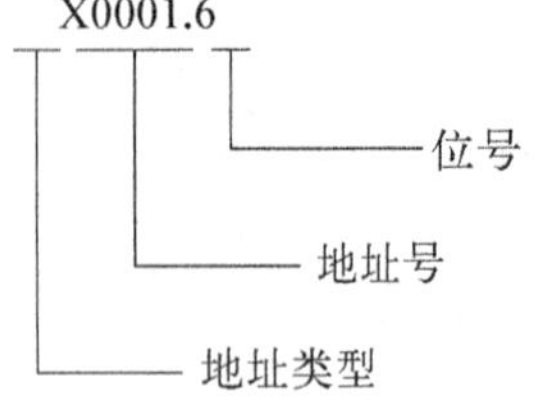

图 4-2-3　地址格式

不同的地址分别对应 MT 侧输入/输出信号、CNC 侧的输入/输出信号、内部继电器、计数器、定时器、保持型继电器和数据表。

注意：通常笼统地称 X、Y、G、F 各地址所对应的信号为

X、Y、G、F 信号。

地址分为固定地址和可定义地址。固定地址的信号定义不能更改，只能按 CNC 规定的信号定义来使用，CNC 运行时可以直接引用固定地址的信号；可定义地址可以由用户根据实际需要定义不同的功能意义，用来连接外部电气线路和编制梯形图。在电气连接时要务必确认固定地址信号连接正确。

4. GSK218M－PLC 指令

1）基本指令

GSK218M－PLC 使用的编程软件为 GSKCC，GSK218M－PLC 中的基本指令与三菱 PLC 中的指令完全相同，基本指令如表 4－2－1 所示。

表 4－2－1 GSK9BOTD－PLC 基本指令

代码名	功能
RD	将寄存器的内容左移 1 位，把指定地址的信号状态设到 ST0
RD.NOT	将寄存器的内容左移 1 位，把指定地址的信号状态取非后设到 ST0
WRT	将逻辑运算结果输出到指定的地址
WRT.NOT	将逻辑运算结果取非后输出到指定的地址
AND	逻辑与
AND.NOT	将指定状态取非后逻辑与
OR	逻辑或
OR.NOT	将指定状态取非后逻辑或
OR. STK	ST0 和 ST1 逻辑或后，堆栈寄存器右移一位
AND.STK	ST0 和 ST1 逻辑与后，堆栈寄存器右移一位

2）功能指令

GSK218M－PLC 中的功能指令如表 4－2－2 所示。

表 4－2－2 GSK218M－PLC 功能指令

序号	名称	功能	序号	名称	功能
1	END1	第一级顺序程序结束	8	RST	复位
2	END2	第二级顺序程序结束	9	JMPB	标号跳转
3	CALL	调用子程序	10	LBL	标号
4	CALLU	无条件调用子程序	11	TMR	定时器
5	SP	子程序	12	TMRB	固定定时器
6	SPE	子程序结束	13	TMRC	定时器
7	SET	置位	14	CTR	二进制计数器

(续表)

序号	名 称	功 能	序号	名 称	功 能
15	DEC	二进制译码	26	MOVB	1字节的传送
16	COD	二进制代码转换	27	MOVW	两字节的传送
17	COM	公共线控制	28	XMOV	二进制变址数据传送
18	COME	公共线控制结束	29	DSCH	二进制数据搜索
19	ROT	二进制旋转控制	30	ADD	二进制加法
20	SFT	寄存器移位	31	SUB	二进制减法
21	DIFU	上升沿检测	32	ANDF	逻辑与
22	DIFD	下降沿检测	33	ORF	逻辑或
23	COMP	二进制数比较	34	NOT	逻辑非
24	COIN	一致性比较	35	EOR	异或
25	MOVN	数据传送			

5. GSK218M－PLC 的工作流程

GSK218M－PLC 的工作流程与普通三菱类似，同样采用的是“从上到下、从左到右，循环扫描”的工作方式。为了解决输入/输出滞后的现象，GSK218M－PLC 采用了程序分级功能，将 PLC 程序中需要高速响应的程序放在第一级程序中(如急停信号程序)，优先执行；将其他程序放在第二级。GSK218M－PLCI 作时先进行输入信号扫描，接下来进入程序执行阶段，程序执行时，按 8 ms 一块分割，每个 8 ms 包括执行第一级程序、第二级程序和与 NC 通信的时间。分割的块数＝执行第二级程序所需的总时间/(8 ms -执行第一级程序所需时间-与 NC 通信所需时间)。其具体工作流程如图 4－2－4 所示。

6. PLC 调试方法

将编制好的程序下载到 GSK218M－CNC 后，可用下列方法调试梯形图程序。

1) 用仿真器调试

用一个仿真器(由灯和开关组成)替代机床，用开关的开和闭表示机床的输入信号状态，用灯的亮和灭表示输出信号的状态，执行 CNC 功能，观察仿真器上各种灯的状态是否正确。

2) 利用 CNC 诊断调试

主要判断故障属于 CNC 接口故障还是外部线路故障。执行 CNC 的不同功能，观察各信号的诊断状态是否和功能要求的一致，依次分别检查每一个功能，可检验梯形图是否正确。

3) 通过实际运行调试

实际运行调试时首先不带负载，即把主电路切断，看信号输出是否正常，确保无误后再带负载调试。

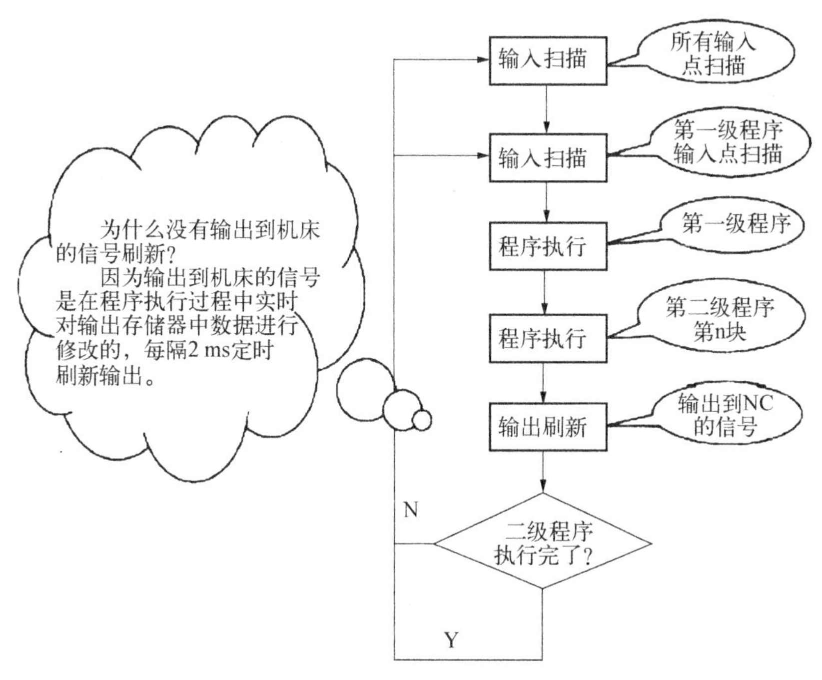

图 4-2-4 GSK218M-PLC 工作流程

实际运行调试又叫调机，即将 CNC 的 I/O 控制信号与机床强电柜的继电器、开关、阀等输入/输出信号一一对应连接，实现机床动作与功能。调机或以后机床运行中如发现某一功能不执行等故障时，应从接线、编制梯形图和设置参数三方面着手处理，处理顺序为：首先检查接线，然后检查梯形图，最后检查参数设置，一般来说不会是系统故障。梯形图调好后应写入只读存储器(ROM)。具体每个功能怎样调试将在其他各任务中描述。

注意：在实际机床上调试时，由于可能会发生意想不到的情况，因此，在调试前应做好防范措施。

二、准备工作

视班级人数将全班分成若干组，每组配置一台 GSK218M 实训台(如果无实训台时，也可用 GSK218M 系统替代)和计算机，且在学生实训之前，老师先完成计算机与实训台之间的通信连接。

三、实施步骤

1. 编制手动顺序换刀梯形图

运用前面知识点中介绍的指令，对照附录一以及 GSK218M 安装连接与 PLC 使用手册，编制手动顺序换刀梯形图，并与 GSK218M-PLC 中的标准梯形图对比，以保证程序的正确性。

要实现手动顺序换刀，需满足一定的条件，图 4-2-5 为手动顺序换刀所需条件。为

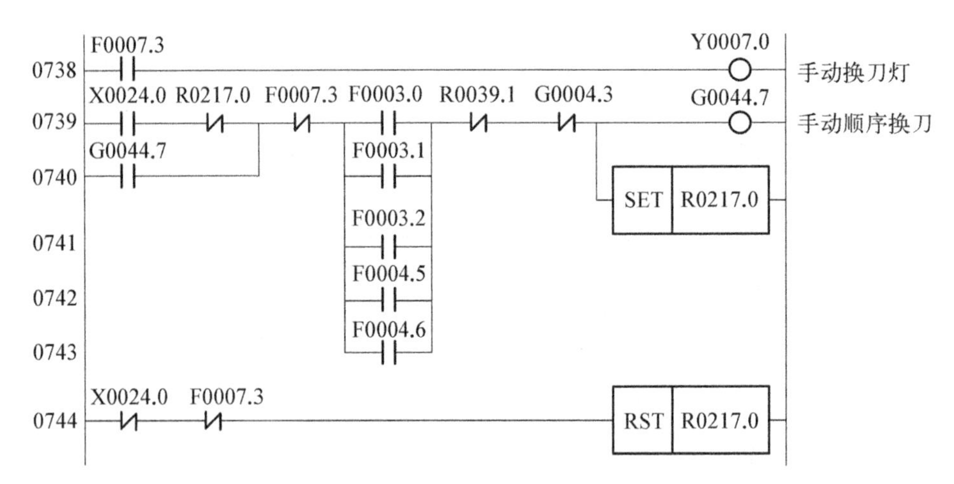

图 4-2-5 手动换刀条件

简化分析，图中程序只给出了手动换刀所需条件，没给出换刀控制全过程。

2. 分辨梯形图中各地址所对应的信号

执行手动顺序换刀前，当按下［换刀］键，与之对应的常开触点 X0024.0 闭合。X0024.0 是一个输入地址，地址中所含输入信号为“手动换刀”，对应按键为［换刀］。图 4-2-5 中还有许多其他类型的地址，具体各信号及与之相对应的地址如表 4-2-3 所示。

表 4-2-3 手动换刀信号及对应地址

地 址	信 号	地 址	信 号
X0024.0	［换刀］按钮，即手动换刀信号	F0003.1	手轮方式检测信号
Y0007.0	机床面板换刀提示灯	F0003.2	手动方式检测信号
G0044.7	手动顺序换刀信号	F0004.5	机械回零方式检测信号
G0004.3	辅助功能结束信号	F0004.6	程序回零方式检测信号
F0007.3	刀具功能选通信号	R0217.0	手动换刀中
F0003.0	单步方式检测信号	R0039.1	急停或复位中

要读懂各种 PLC 梯形图，正确分析控制过程，首先必须掌握 GSK218M-PLC 中的地址分配。GSK218M-PLC 的地址分配如下所述。

1）机床→PLC 的地址(X)

GSK218M-PLC 的 X 地址分为两类，即 I/O 端口上的 X 地址和操作面板上的 X 地址。

(1) I/O 端口上的 X 地址。地址范围为 X0000.0～X0003.7，分别分配给 CNC 的 X40、X41I/O 接口，如图 4-2-6 所示。其中，X0000.3、X0000.5、X0001.3 为固定地址。

XS43(输入1)：DB25针座

针	信号	针	信号
1	IN00	14	IN01
2	IN02	15	IN03
3	COM	16	COM
4	+24V	17	IN04
5	IN05	18	IN06
6	IN07	19	COM
7	COM	20	+24V
8	IN08	21	IN09
9	IN10	22	IN11
10	COM	23	COM
11	+24V	24	IN12
12	IN13	25	IN14
13	IN15		

XS44(输入2)：DB25针座

针	信号	针	信号
1	IN16	14	IN17
2	IN18	15	IN19
3	COM	16	COM
4	+24V	17	IN20
5	IN21	18	IN22
6	IN23	19	COM
7	COM	20	+24V
8	IN24	21	IN25
9	IN26	22	IN27
10	COM	23	COM
11	+24V	24	IN28
12	IN29	25	IN30
13	IN31		

XS45(输入3)：DB25针座

针	信号	针	信号
1	IN32	14	IN33
2	IN34	15	IN35
3	COM	16	COM
4	+24V	17	IN36
5	IN37	18	IN38
6	IN39	19	COM
7	COM	20	+24V
8	IN40	21	IN41
9	IN42	22	IN43
10	COM	23	COM
11	+24V	24	IN44
12	IN45	25	IN46
13	IN47		

XS43：输入1　DB25针座

管脚	标识	标号	
1	IN00	X0.0	X轴正向行程限位信号
14	IN01	X0.1	X轴负向行程限位信号
2	IN02	X0.2	Y轴正向行程限位信号
15	IN03	X0.3	Y轴负向行程限位信号
17	IN04	X0.4	Z轴正向行程限位信号
5	IN05	X0.5	Z轴负向行程限位信号
18	IN06	X0.6	Th4轴正向行程限位信号
6	IN07	X0.7	Th4轴负向行程限位信号
8	IN08	X1.0	X轴回零减速信号
21	IN09	X1.1	Y轴回零减速信号
9	IN10	X1.2	Z轴回零减速信号
22	IN11	X1.3	Th4轴回零减速信号
24	IN12	X1.4	急停开关
12	IN13	X1.5	外接循环启动
25	IN14	X1.6	外接进给保持
13	IN15	X1.7	润滑压力或油位检测

XS44：输入2　DB25针座

管脚	标识	标号	
1	IN16	X2.0	气源气压检测
14	IN17	X2.1	未定义
2	IN18	X2.2	未定义
15	IN19	X2.3	未定义
17	IN20	X2.4	外接夹/松刀控制
5	IN21	X2.5	松刀检测
18	IN22	X2.6	紧刀检测
6	IN23	X2.7	未定义
8	IN24	X3.0	未定义
21	IN25	X3.1	未定义
9	IN26	X3.2	未定义
22	IN27	X3.3	未定义
24	IN28	X3.4	未定义
12	IN29	X3.5	未定义
25	IN30	X3.6	未定义
13	IN31	X3.7	未定义

XS45：输入3　DB25针座

管脚	标识	标号	
1	IN32	X4.0	未定义
14	IN33	X4.1	主轴1档到位
2	IN34	X4.2	主轴2档到位
15	IN35	X4.3	主轴3档到位
17	IN36	X4.4	未定义
5	IN37	X4.5	未定义
18	IN38	X4.6	主轴速度到达
6	IN39	X4.7	主轴零速检测
8	IN40	X5.0	主轴定向到位
21	IN41	X5.1	刀库前进到位
9	IN42	X5.2	刀库后退到位
22	IN43	X5.3	刀库正转/反转到位
24	IN44	X5.4	刀库回零到位
12	IN45	X5.5	未定义
25	IN46	X5.6	未定义
13	IN47	X5.7	未定义

标记	处数	更改文件号	签名	日期	GSK218M	部件名称	输入信号接口定义
设计		标准化			218M接口定义图	阶段标记	部件代号
绘图		审核				A	10
校对		批准				共 4 张	第 3 张
工艺		日期			CNC机床名称	广州数控设备有限公司	

图 4-2-6　GSK218M I/O端口上的X地址

注意：GSK218M 数控系统车床 CNC 装配时，I/O 功能由机床厂家设计决定，本任务中所标固定地址的 I/O 功能是针对 GSK218M 标准 PLC 程序进行描述的。

(2) 操作面板上的 X 地址。地址范围为 X0020.0～X0026.0，均为固定地址，取值范围为 0、1。地址与按键的对应关系如表 4-2-4 所示。

表 4-2-4 操作面板上的 X 地址与按键的对应关系

操作面板键输入	PLC 地址	操作面板键输入	PLC 地址
编辑方式	X20.0	进给信率取消	X24.1
自动方式	X20.1	进给负信率	X24.2
录入方式	X20.2	快速	X24.7
回零方式	X20.3	快速 F0/0.001	X26.0
单步方式	X20.4	快速 25%/0.01	X26.1
手动方式	X20.5	快速 50%/0.1	X26.2
手轮方式	X20.6	快速 100%/1	X26.3
DNC 方式	X20.7	手动进给轴+X	X27.0
跳段	X21.0	手动进给轴+Y	X27.1
单段	X21.1	手动进给轴+Z	X27.2
空运行	X21.2	手动进给轴+4TH	X27.3
辅助锁	X21.3	USER1	X27.4
机床锁	X21.4	手动进给轴－X	X28.0
选择停	X21.5	手动进给轴－Y	X28.1
程序再起动	X21.6	手动进给轴－Z	X28.2
主轴正转	X22.0	手动进给轴－4TH	X28.3
主轴停止	X22.1	USER2	X28.4
主轴反转	X22.2	USER3	X28.7
主轴负信率	X22.3	主轴定向	X29.0
主轴信率取消	X22.4	刀库回零	X29.1
主轴正信率	X22.5	夹刀/松刀	X29.2
主轴点动	X22.6	刀库正转	X29.3
润滑	X23.0	刀库反转	X29.4
冷却	X23.1	倒刀(进刀)	X29.5
排屑	X23.2	回刀(退刀)	X29.6
循环启动	X23.6	换刀手	X29.7
进给保持	X23.7	超程解除	X30.0
进给正信率	X24.0		

XS40：输出1 DB25孔座

管脚	信号	管脚	信号
1	D000	14	D001
2	D002	15	D003
3	COM	16	+24V
4	+24V	17	D004
5	D005	18	D006
6	D007	19	COM
7	+24V	20	+24V
8	D008	21	D009
9	D010	22	D011
10	COM	23	+24V
11	+24V	24	D012
12	D013	25	D014
13	D015		

XS41：输出2 DB25孔座

管脚	信号	管脚	信号
1	D016	14	D017
2	D018	15	D019
3	COM	16	+24V
4	+24V	17	D020
5	D021	18	D022
6	D023	19	COM
7	+24V	20	+24V
8	D024	21	D025
9	D026	22	D027
10	COM	23	+24V
11	+24V	24	D028
12	D029	25	D030
13	D031		

XS42：输出3 DB25孔座

管脚	信号	管脚	信号
1	D032	14	D033
2	D034	15	D035
3	COM	16	+24V
4	+24V	17	D036
5	D037	18	D038
6	D039	19	COM
7	+24V	20	+24V
8	D040	21	D041
9	D042	22	D043
10	COM	23	+24V
11	+24V	24	D044
12	D045	25	D046
13	D047		

XS40：输出1 DB25孔座

管脚	标识	标号	
1	D000	Y0.0	Z轴抱闸
14	D001	Y0.1	冷却
2	D002	Y0.2	刀具松紧
15	D003	Y0.3	未定义
17	D004	Y0.4	主轴制动
5	D005	Y0.5	未定义
18	D006	Y0.6	红色报警灯
6	D007	Y0.7	黄色报警灯
8	D008	Y1.0	绿色报警灯
21	D009	Y1.1	排屑控制
9	D010	Y1.2	润滑控制
22	D011	Y1.3	机床照明控制
24	D012	Y1.4	未定义
12	D013	Y1.5	主轴吹气
25	D014	Y1.6	未定义
13	D015	Y1.7	未定义

XS41：输出2 DB25孔座

管脚	标识	标号	
1	D016	Y2.0	主轴使能
14	D017	Y2.1	主轴定向
2	D018	Y2.2	主轴正转
15	D019	Y2.3	主轴反转
17	D020	Y2.4	手持单元灯
5	D021	Y2.5	未定义
18	D022	Y2.6	冲屑水阀输出
6	D023	Y2.7	未定义
8	D024	Y3.0	刀库正转
21	D025	Y3.1	刀库反转
9	D026	Y3.2	刀库前进
22	D027	Y3.3	刀库后退
24	D028	Y3.4	主轴一档（变频\IO点控制）
12	D029	Y3.5	主轴二档（变频\IO点控制）
25	D030	Y3.6	主轴三档（变频\IO点控制）
13	D031	Y3.7	未定义

XS42：输出3 DB25孔座

管脚	标识	标号	
1	D032	Y4.0	未定义
14	D033	Y4.1	未定义
2	D034	Y4.2	未定义
15	D035	Y4.3	未定义
17	D036	Y4.4	未定义
5	D037	Y4.5	未定义
18	D038	Y4.6	未定义
6	D039	Y4.7	未定义
8	D040	Y5.0	未定义
21	D041	Y5.1	未定义
9	D042	Y5.2	未定义
22	D043	Y5.3	未定义
24	D044	Y5.4	未定义
12	D045	Y5.5	未定义
25	D046	Y5.6	未定义
13	D047	Y5.7	未定义

标记	处数	更改文件号	签名	日期	GSK218M	部件名称	输出信号接口定义
设计		标准化			218M接口定义图	阶段标记 A	部件代号 10
绘图		审核				共 4 张	第 4 张
校对		批准					
工艺		日期			CNC机床名称	广州数控设备有限公司	

图 4-2-7 GSK218M I/O 端口上的 Y 地址

2）PLC→机床的地址（Y）

GSK218M－PLC的Y地址分为两类：即I/O端口上的Y地址和操作面板上的指示灯用Y地址。

（1）I/O端口上的Y地址。地址范围为Y0000.0～Y0003.7，主要分配给CNC的XS42和XS39两个I/O端口，均为可定义地址，I/O端口上的Y地址分配如图4－2－7所示。

（2）操作面板上的指示灯用Y地址。地址范围为Y0004.0～Y0009.7，分配给操作面板上的指示灯。其余地址均为保留地址，取值范围为0、1。标准I/O接口引脚信号及功能如表4－2－5所示。

表4－2－5 标准I/O接口引脚信号及功能

键盘指示灯输出	PLC地址	键盘指示灯输出	PLC地址
编辑键指示灯	Y12.0	润滑指示灯	Y14.6
自动键指示灯	Y12.1	冷却指示灯	Y14.7
录入键指示灯	Y12.2	排屑指示灯	Y15.0
回零键指示灯	Y12.3	进给倍率取消键指示灯	Y15.1
单步键指示灯	Y12.4	快速开关指示灯	Y15.2
手动键指示灯	Y12.5	0.001/F0键指示灯	Y15.3
手轮键指示灯	Y12.6	0.01/25%键指示灯	Y15.4
DNC键指示灯	Y12.7	0.1/50%键指示灯	Y15.5
主轴正转指示灯	Y13.0	1/100%键指示灯	Y15.6
主轴反转指示灯	Y13.1	主轴定向指示灯	Y15.7
主轴倍率取消指示灯	Y13.2	刀库回零指示灯	Y16.0
*X*轴回零指示灯	Y13.3	刀库正转指示灯	Y16.1
*Y*轴回零指示灯	Y13.4	刀库反转指示灯	Y16.2
*Z*轴回零指示灯	Y13.5	刀库倒刀(进刀)指示灯	Y16.3
4TH轴回零指示灯	Y13.6	刀库回刀(退刀)指示灯	Y16.4
选择停指示灯	Y13.7	刀库夹刀/松刀指示灯	Y16.5
跳段指示灯	Y14.0	刀库换刀手指示灯	Y16.6
单段指示灯	Y14.1	USER3指示灯	Y16.7
空运转指示灯	Y14.2	＋X键指示灯	Y17.0
输助键指示灯	Y14.3	＋Y键指示灯	Y17.1
机床锁指示灯	Y14.4	＋Z键指示灯	Y17.2
机床照明指示灯	Y14.5	＋4TH键指示灯	Y17.3

(续表)

键盘指示灯输出	PLC 地址	键盘指示灯输出	PLC 地址
USER1 键指示灯	Y17.4	超程结束键指示灯	Y19.0
−X 键指示灯	Y18.0	进给暂停键指示灯	Y19.1
−Y 键指示灯	Y18.1	循环启动键指示灯	Y19.2
−Z 键指示灯	Y18.2	TOL(刀库零点)指示灯	Y19.3
−4TH 键指示灯	Y18.3	选择停指示灯	Y19.4
USER2 键指示灯	Y18.4		

注意：部分输入、输出接口可定义多种功能，在表 4-2-5 中用"/"表示；输出功能有效时，该输出信号与 0 V 导通；输出功能无效时，该输出信号为高阻抗截止；输入功能有效时，该输入信号与 +24 V 导通；输入功能无效时，该信号与 +24 V 截止。+24 V、0 V 与 GSK218M 系统配套电源盒的同名端子等效。标注有"*"号的为固定地址。

3) PLC→CNC 的地址(G)

地址范围为 G0000.0～G0255.7，取值范围为 0、1。各地址信号意义见 GSK218M-PLC 使用手册。

4) CNC→PLC 的地址(F)

地址范围为 F0000.0～F0255.7，取值范围为 0、1。各地址信号意义见 GSK218M-PLC 使用手册。

注意：由 PLC→CNC 和 CNC→PLC 的信号含义与地址(即 G、F 信号及对应地址)已在 PLC 中确定(由 CNC 厂家确定)，用户只能使用，不能修改。

5) R、A、K、C、DC、T、DT、D、L、P 地址

除 X、Y、G、F 地址外，GSK218M-PLC 其余地址如表 4-2-6 所示。

表 4-2-6 GSK218M 地址类型

地址类型	地址范围	备注
内部继电器地址(R)	R0000～R0999	取值范围：0、1
信息显示请求地址(A)	A0000～A0024	
保持型继电器地址(K)	K0000～K0039	用做保持型继电器和设定 PLC 参数，取值范围：0、1
计数器地址(C)	C0000～C0099	存放计数器当前计数值、取值范围：0～214748 3647
计数器预置值地址(DC)	DC0000～DC0099	存放计数器预置值，取值范围：0～214748 3647
定时器地址(T)	T0000～T0099	存放定时器当前数值，取值范围：0～214748 3647
定时器预置值地址(DT)	DT0000～DT0099	存放定时器预置值，取值范围：0～214748 3647
数据表地址(D)	D0000～D0999	取值范围：0～255

（续表）

地址类型	地址范围	备注
标记地址(L)	L0000～L9999	指定JMPB指令中的跳转目标标号和LBL指令的标号
子程序地址(P)	P0000～P9999	指定CALL指令中调用的目标子程序号和SP指令的子程序号

3. 监控手动换刀过程中的信号状态及信号交换

1）换刀过程的信号状态

常开触点X0024.0闭合后，机床侧向PLC侧发出“手动换刀信号”(X0024.0)，同时：

(1) R0217.0未接通，即在PLC记忆中，现在不处于“换刀状态”。

(2) F0007.3未接通，即刀具功能选择通信号断开，也就是在CNC记忆中，现在不处于“换刀状态”。

(3) 选择可以执行“手动换刀”的工作方式，即单步、手轮、手动、机械回零、程序回零等方式。

(4) R0039.1未接通，即不处于“急停”或“复位”状态。

(5) G0004.3未接通，即在上个辅助功能指令结束后。

满足上述条件时，R0217.0将接通，表明正处于“手动换刀”状态中，从而使“手动换刀顺序信号”G0044.7接通，PLC向CNC发出换刀申请，CNC收到“手动换刀顺序信号”G0044.7后，在系统无异常情况时，同时将F0007.3接通，表示同意申请，Y0007.0同时接通，机床面板手动换刀指示灯亮，在CNC同意申请后，即F0007.3接通后，PLC可以开始换刀。

2）换刀过程的信息交换

上述换刀控制得以实现，信息交换是重点。因此，信息交换对于PLC功能的发挥是至关重要的，那么PLC、CNC与机床之间的信息是怎样交换的呢？

图4-2-8表示了GSK218M-PLC、CNC与机床之间的信息交换过程。

数控系统中PLC的信息交换，就是以PLC为中心，在CNC、PLC与机床之间的信息传送，通常有以下四个部分。

(1) MT侧→PLC侧。由机床向PLC发送的信息，主要包括机床操作面板上各开关、按键等信号，以及各运动部件的限位信息。

(2) PLC侧→MT侧。由PLC向机床发送的信息主要是控制机床执行元件的执行信号，如电磁阀、接触器、继电器的通/断电等动作信号，确保机床各运动状态的信号和故障报警指示。

(3) CNC→PLC。由CNC发给PLC的信息主要包括各种功能代码M、S、T的信息，手动/自动方式信息，各种使能信息等。

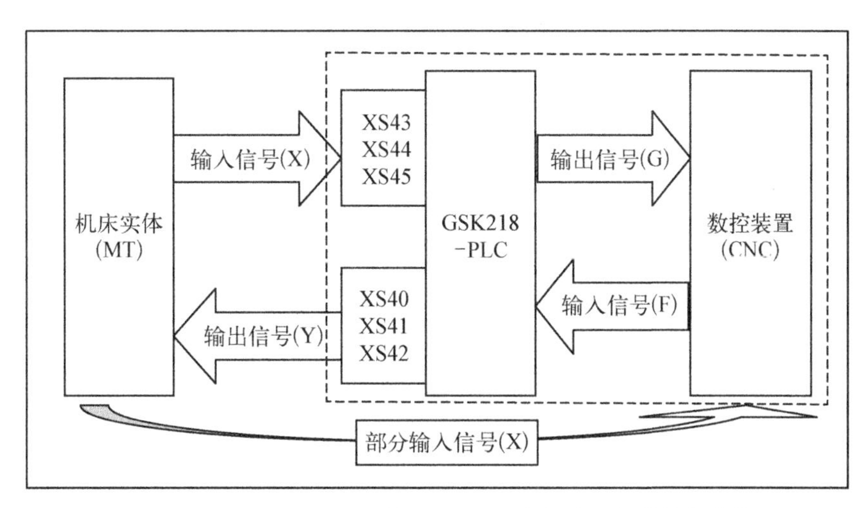

图 4-2-8　GSK218M 系统 PLC、CNC 与机床之间的信息交换

(4) PLC→CNC。由 PLC 发给 CNC 的信息主要包括 M、S、T 功能的应答信息和各坐标轴对应的机床参考点信息等。

四、评分标准

序号	项目及技术要求	得分	评 分 标 准	检测结果	得分
1	准备工作	10	准备工作不充分，扣 10 分		
2	编制手动顺序换刀梯形	20	每错一处，扣 3 分		
3	正确分辨 GSK218M 的 X、Y、G、F 地址分配	30	每错一处，扣 3 分		
4	正确描述出手动顺序换刀时的信号流向，有效监控其信号状态	20	每分错一处，扣 2 分		
5	绘制 GSK218M PLC、CNC 与机床之间的信息交换框图	10	每错一处，扣 2 分		
6	应符合国家安全文明生产的有关规定	10	违反安全操作的有关规定，不得分		

项目五 刀架的电气安装与调试

数控机床自动换刀装置分为转塔式和刀库式。转塔式分为回转刀架和转塔式两种，刀库式分为刀库与主轴之间直接换刀、用机械手配合刀库进行换刀和同时用机械手、运输装置配合刀库进行换刀三种。下图分别为配置转塔式自动换刀装置与机械手换刀装置。

(a) 转塔式自动换刀装置

(b) 机械手换刀装置

按换刀方式的不同，数控车床的刀架系统主要有回转刀架、排刀式刀架和带刀库的自动换刀装置等多种形式。回转刀架是数控车床最常用的一种典型换刀装置，回转刀架多为顺序换刀，换刀时间短，结构紧凑，容纳刀具较少，用于数控车床、数控车削中心机床。经济型数控车床常用电动回转刀架。

自动换刀装置应满足的基本要求是：刀具换刀时间短，刀具重复定位精度高，有足够的刀具储存量，刀库占地面积小，结构简单，可靠性高，制造成本低。

换刀装置的电气安装与调试以 GSK218M 系统数控车床的典型四工位电动回转刀架为载体，主要完成刀架的电气连接、刀架 PLC 控制程序分析，并对刀架的运行状态进行调试和维护，排除刀架装调中的常见电气故障。

任务1　刀架的电气安装与调试

任务导入

一台GSK218M-CNC车床，配四工位螺旋升降式电动刀架(见图5-1-1)，试完成刀架的电气连接，并能准确检修刀架的常见电气故障。

任务目标

(1) 能看懂刀架电气控制原理图，掌握刀架控制原理。

(2) 能根据电气控制原理图正确选择电动刀架的电气控制元器件，能正确布置刀架的电气控制线路。

(3) 能准确检修刀架电气装调过程中的常见电气故障。

图5-1-1　四工位螺旋升降式电动刀架

任务分析

电动刀架是数控车床重要的机电部件，在车床运行工作中起着至关重要的作用，一旦出现故障很可能造成工件报废，甚至造成卡盘与刀架碰撞的事故。数控车床中刀架故障概率很高，是数控车床最容易出故障的机电部件，在反复旋转、频繁换刀的加工过程中就更容易发生故障。能对刀架进行电气安装并掌握刀架常见故障现象、原因及排除措施很重要。

要对刀架进行电气连接并可靠地检修刀架的常见电气故障，就必须清楚刀架的大致结构，掌握刀架的工作过程以及电气控制原理。本任务以四工位螺旋升降式电动刀架为例，介绍其电气连接与常见电气故障排除。具体学习步骤为：刀架结构及工作过程→刀架电气控制原理→刀架电气连接→刀架常见故障检修。

任务实施

一、相关知识

1. 刀架结构

数控车床的刀架是机床的重要组成部分，用于夹持切削用的刀具。因此，其结构直接影响机床的切削性能和切削效率。回转刀架是数控车床的一种典型换刀刀架，它分度准确,定位可靠,重复定位精度高,转位速度快,夹紧性好,可以保证数控车床的高精度和高效率。

根据加工要求,回转刀架可设计成四方刀架、六方刀架或圆盘式刀架,并相应地安装4把、6把或更多的刀具。

现有自动回转刀架的定位方式主要有插销式和端齿盘式两种,目前使用较多的是端齿盘式。由于刀架生产厂家无统一标准,因此,其结构、尺寸各异。

注意:虽然其他刀架结构、尺寸、元器件类型各有差异,但故障原因大多雷同,故可参照本任务刀架的排故方法加以排除。

经济型数控车床常用螺旋升降式(采用端齿盘定位)四工位回转刀架,其结构如图5-1-2所示。该电动刀架采用蜗杆传动、上下端齿盘啮合定位、螺杆夹紧的工作原理,采用有触点霍尔开关发信号,其回转轴与机床主轴垂直布置。

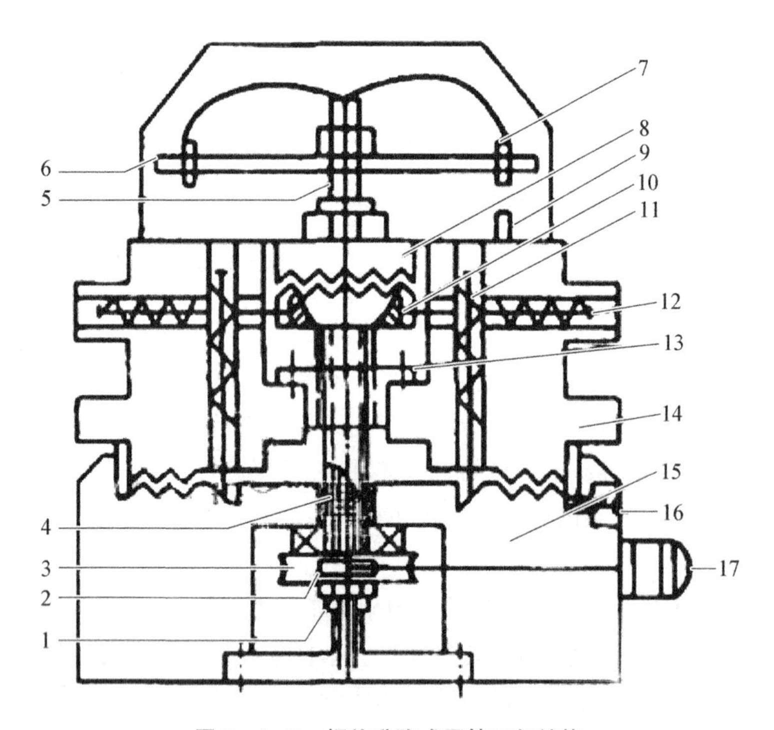

图5-1-2 螺旋升降式回转刀架结构

1—锁紧螺母;2—蜗杆;3—蜗轮;4—传动轴;5—螺杆;6—编码盘;7—霍尔开关;8—转位套;9—磁铁;10—同步套;11—定位销;12—转位销;13—升降螺母;14—动齿盘;15—定齿盘;16—微动开关;17—电动机

1)换刀动作

回转刀架的换刀动作有:刀架抬起、刀架转位、刀架定位和刀架锁紧。

(1)刀架抬起。执行换刀操作后,数控系统发出换刀指令,通过接口电路使电动机启动正转→蜗杆轴转动→蜗轮丝杠转动(蜗轮与丝杠为整体结构)→刀架体抬起。

(2) 刀架转位。当刀架体抬起至一定距离后，端齿盘脱开，当上、下齿盘端面齿完全脱开时，刀架体转位。

(3) 刀架定位。当刀架转到程序指定的刀位，如图 5-1-3 所示，电磁铁与程序指定刀位的霍尔元件对齐，即检测到刀具到位信号，指定刀位的霍尔元件选通，霍尔元件反馈信号取消电动机正转并使电动机反转，此时刀架体停转并落下，上、下端齿盘重新啮合，实现换刀。

(4) 刀架锁紧。刀架精确到位后，电动机并不立即停止反转，而是必须延时一定时间使刀架锁紧后，才由数控装置关闭刀架反转信号，换刀程序完成。

2) 霍尔元件

霍尔元件又称霍尔开关，如图 5-1-3 所示，刀架上方的信号盘中对应的每个刀位都安装有一个霍尔开关，它用来检测刀架到位信号，当上刀体旋转到某刀位时，该刀位的霍尔开关向数控系统输出信号，数控系统将刀位信号与指令刀位信号进行比较，当两信号相同时，刀架转动到位。刀架到位信号机床外部连接电路如图 5-1-4 所示。

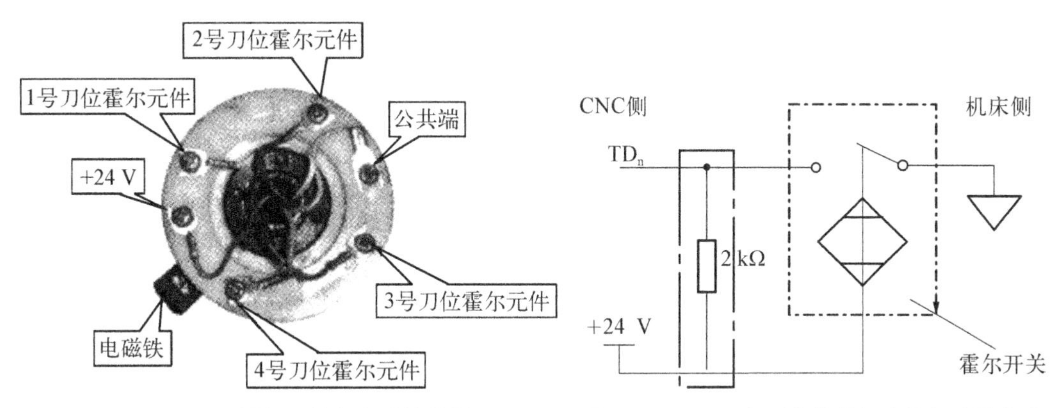

图 5-1-3 霍尔开关与电磁铁位置

图 5-1-4 刀架到位信号机床外部连接电路

图 5-1-4 中，TD_n 端为刀位输出信号端，如果为四工位刀架，则为 T01～T04，低电平(0 V)有效，需外接上拉电阻器，接法如图 5-1-4 所示。

2. 换刀控制

与上述换刀动作相对应的控制过程如下：

(1) 执行换刀操作后，系统输出刀架正转信号 TL+并开始检测刀具到位信号，检测到刀具到位信号后，关闭 TL+输出，延时(数据参数 No.082 设定延时时间)后输出刀架反转信号 TL—。然后检查锁紧信号 TCP，当接收到此信号后，延时(数据参数 No.085 设定延时时间)后关闭刀架反转信号 TL—，换刀结束。

(2) 在规定时间(数据参数 No.083 设定的时间)内，未完成换刀，系统将产生报警并关闭刀架反转信号。

(3) 若刀架无刀架锁紧信号，可把状态参数 No.011(见任务 2)的 Bit0(TCPS)设定为 0，此时刀架锁紧信号一直有效，即一直与+24 V 断开。

二、准备工作

工具、仪表及器材准备如表 5-1-1 所示。

表 5-1-1　工具、仪表及器材

项　目	名　　称
工　具	旋具、胶钳等电工常用工具
仪　表	万用表
器　材	各种规格的软线和紧固件、金属软管、编码套管等

三、实施步骤

1. 绘制刀架控制电气原理图

刀架主电路、控制电路、信号电路分别如图 5-1-5(a)、(b)、(c)所示。

2. 分析电气控制原理

(1) 刀架抬起、转位。数控系统发出换刀指令，系统经过译码在接口 XS40/12 发出刀架正转信号 TL+→图 5-1-5(c)中的 KA01 线圈得电→图 5-1-5(b)中 KM01 得电→图 5-1-5(a)中 KM01 主触头闭合→电动机启动正转→对应机械部分的刀架体抬起并转位。

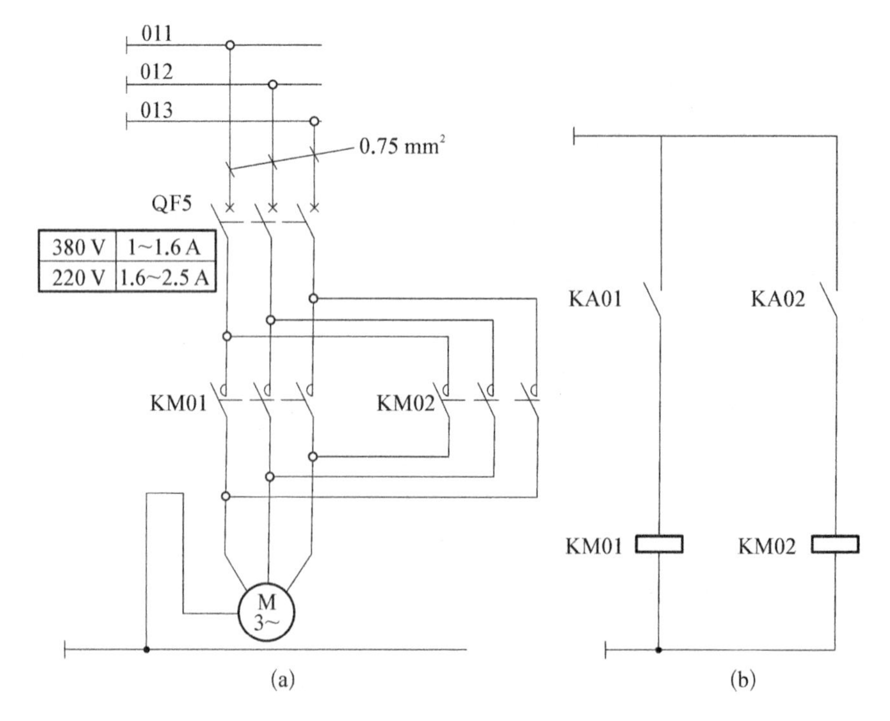

(a)　(b)

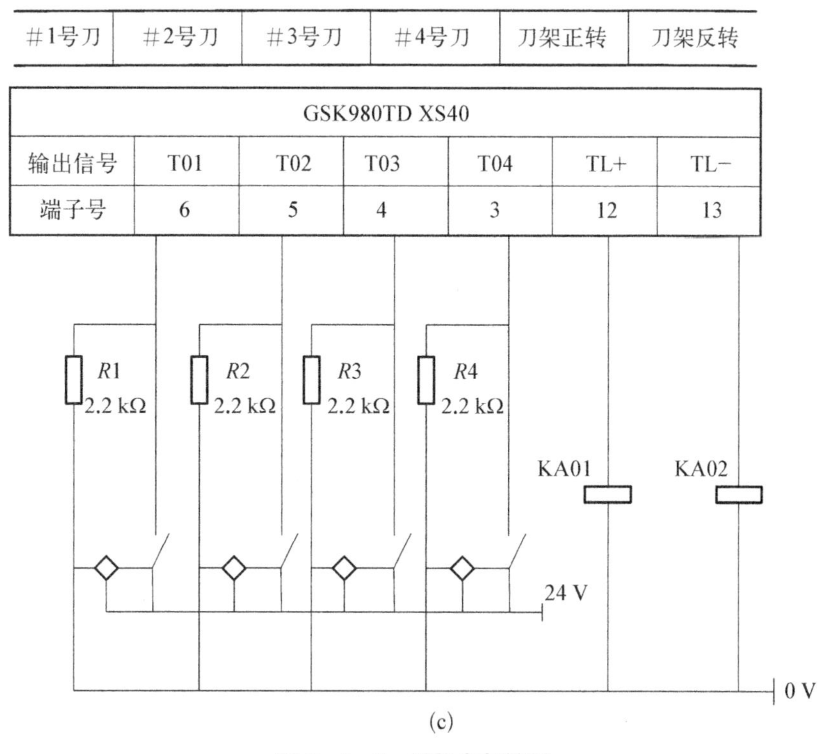

(c)

图 5-1-5　刀架电气控制

(a) 主电路　(b) 控制电路　(c) 信号电路

(2) 刀架定位、锁紧。霍尔元件检测到刀架到位信号→相应刀位的霍尔开关闭合→刀架正转信号 TL＋关闭→延时→系统输出刀架反转信号 TL－→图 5-1-5(c)中的 KA02 线圈得电→图 5-1-5(b)中 KM02 得电→图 5-1-5(a)中 KM02 主触头闭合→电动机启动反转→对应机械部分的刀架定位。电动机延时反转→刀架锁紧→刀架反转信号 TL－关闭→换刀结束。

3. 选择所需用的电器元器件

除 GSK218M CNC 外，刀架电气控制所需主要元器件如表 5-1-2 所示。

表 5-1-2　刀架电气控制元件器材明细

代号	名　　称	型　　号	规　　格	数量	用　　途
M03	刀架	LD4-6140	电动机功率 120 W	1	刀架运动
KM01	交流接触器	CFX4-0901dm	线圈电压：AC220 V	1	控制 M03 正转
KM02	交流接触器	CFX4-0901dm	线圈电压：AC220 V	1	控制 M04 反转
	霍尔元件	A3144EU	DC24 V	4	检测刀架到位信号

（续表）

代 号	名 称	型 号	规 格	数量	用 途
$R1$～$R4$	上拉电阻器	任意型号	0.5 W/2 kΩ	4	用于拉高到位电平
QF5	断路器	DZ47－63 (D32，3P，400 V)	2.5 A	1	电源开关
KA01、KA02	中间继电器	JZ7－44	线圈电压 DC24 V	2	控制 KM01、KM02
TC	控制变压器	TBK，300 V·A，220/24	380 V/110 V/24/6 V	1	改变电压

4. 安装连接

(1) 按表 5－1－2 配齐所用电器元件，并检验元件质量。

(2) 按照如图 5－1－5(a)、(b)、(c)所示电路，先安装控制电路，再安装除电动机以外的主电路。

(3) 安装电动机，可靠连接电动机和按键金属外壳的保护接地线。

(4) 数控系统电缆线连接，安装好信号电路。

5. 检测调试

1) 静态检测

(1) 清理刀架体上的异物，防止其进入刀架内部，以保证刀架换位的顺畅无阻，利于保持刀架回转精度。

(2) 检查刀架内部机械配合是否松动，否则容易造成刀架不能正常夹紧故障。

(3) 检查刀架内部各机械部分是否起作用，以免造成机械卡死。

(4) 检查刀架内部润滑情况，如果润滑不良，易造成旋转件研死，导致刀架不能启动。

(5) 检查各回路导线、电缆的规格是否符合设计要求。

(6) 检查通往刀架的连线是否被挤压。

(7) 将机床总电源插座拔下，用万用表测量各电源的各相电阻值及对地电阻值，低压断路器、交流接触器、熔断器等器件是否有短路或断路现象。

(8) 用万用表测量系统出线端，＋24 V、COM 地与系统的接线，每个刀位上的电压等。

(9) 检查 220 V 控制变压器的进出线顺序。

(10) 检查各继电器线圈控制电源正负连接是否正确，连接是否牢靠。

(11) 检查电动机的安装是否牢固，用兆欧表检查电动机及线路的绝缘电阻值，电动机电源线相序是否连接正确，连接是否牢靠。

(12) 检查数控系统电缆线连接是否正确可靠。

(13) 检查并紧固各连线、发信盘、电磁铁，注意发信盘螺母连接是否紧固，如松动易引起刀架的越位过冲或转不到位。

(14) 检查机械部分是否有干涉，严防刀架与卡盘、尾座等部件的碰撞。

2) 清理安装现场

3) 通电试运行

(1) 接通电源，检查刀架电动机的转向是否符合要求。

(2) 手动控制刀架转位换刀，在手动方式下，按一次手动换刀，换一把刀，直到将所有的刀位都手动换刀一次为止。

(3) 换到指定刀位。

6. 故障检修

在主电路、控制电路或信号电路中人为设置故障，让学生观察故障现象，分析故障原因并正确排除故障，严禁产生新的故障。刀架常见电气故障及维修如表 5-1-3 所示。

表 5-1-3　刀架常见电气故障及维修

故障现象	故障原因	故障处理
电动刀架的每个刀位都转动不停	系统无+24 V、COM 输出	用万用表测量系统出线端，看这两点输出电压是否正常或存在，若电压不存在，则为系统故障，需更换主板或送厂维修
	系统有+24 V、COM 输出，但与刀架发信盘连线断路；或是+24 V 对 COM 地短路	用万用表检查刀架上的+9 dV、COM 地与系统的接线是否存在断路；检查+20 V是否对 COM 地短路
	系统有+24 V、COM 输出，连线正常发信盘的发信电路板上+20 V 和 COM 地回路断路	发信盘长期处于潮湿环境中，造成线路氧化断路，用焊锡或导线重新连接
	刀位上+20 V 电压偏低，线路上的上拉电阻器开路	用万用表测量每个刀位上的电压是否正常，如果偏低，检查上拉电阻，若是开路，则更换 1/4 W-2 kΩ 上拉电阻器
	系统的反转控制信号 TL—无输出	用万用表测量系统出线端，看这一点的输出电压是否正常或存在，若电压不存在，则为系统故障，需更换主板或送厂维修
	系统有反转控制信号 TL—输出，但与刀架电动机之间的回路存在问题	检查各中间连线是否存在断路，检查各触点是否接触不良，检查强电柜内直流继电器和交流接触器是否损坏
	霍尔元件损坏	在对应刀位无断路的情况下，若所对应的刀位线有低电平输出，则霍尔元件无损坏，否则需更换刀架发信盘或其上的霍尔元件。一般 4 个霍尔元件同时损坏的概率很小

（续表）

故障现象	故障原因	故障处理
电动刀架的每个刀位都转动不停	电磁铁故障，电磁铁无磁性或磁性不强	更换电磁铁或增强其磁性，若电磁铁在刀架抬起时位置太高，则需调整电磁铁的位置，使磁块正对霍尔元件
电动刀架不转	刀架电动机三相反相或缺相	将刀架电动机线中两相互调或检查外部供电
	系统的正转控制信号 TL+无输出	用万用表测量系统出线端，量度+24 V和TL+两触点，同时手动换刀，查看这两点的输出电压是否有+24 V，若电压不存在，则为系统故障，需送厂维修或更换相关集成电路元器件
	系统的正转控制信号 TL+输出正常，但控制信号这一回路存在断路或元器件损坏	检查正转控制信号线是否断路，检查这一回路各触点接触是否良好；检查直流继电器或交流接触器是否损坏
	刀架电动机无电源供给	检查刀架电动机电源供给回路是否存在断路，各触点是否接触良好，强电电气元器件是否有损坏；检查熔断器是否熔断
	上拉电阻器未接入	将刀位输入信号接上 2 kΩ 上拉电阻器，若不接此电阻器，刀架在宏观上表现为不转，实际上的动作为先进行正转后立即反转，使刀架看似不动
	刀架电动机损坏	拆开刀架电动机，转动刀架，看电动机是否转动，若不转动，在确定线路没问题时，更换刀架电动机
	刀架电动机进水造成电动机短路	烘干电动机，加装防护，做好绝缘措施
刀架某一刀位转不停，其余刀位可以转动	此刀位的霍尔元件损坏	确认是哪个刀位使刀架转不停，在系统上转动该刀位，用万用表测量该刀位信号触点对+24 V触点是否有电压变化，若无变化，则可判定为该刀位霍尔元件损坏，需更换发信盘或霍尔元件
	此刀位信号线断路，造成系统无法检测到刀位信号	检查该刀位信号与系统的连线是否存在断路
	系统的刀位信号接收电路有问题	当确定该刀位霍尔元件没问题，以及该刀位与系统的信号连线也没问题的情况下更换主板
刀架偶尔转不动	刀架的控制信号受干扰	系统可靠接地，应特别注意变频器的接地，接入抗干扰电容

注意：刀架的维护与维修一定要紧密结合起来，维修中容易出现故障的地方，就一定要重点维护。首次通电进行换刀时，如果刀架不转动，可能是由于刀架电动机的三相电源

的相序连接不正确，此时应立即按复位键，切断电源并检查接线。如因三相电源的相序连接不正确造成，可调换三相电源中的任意两相。

四、评分标准

序号	项　目	考核内容及要求	得分	评分标准	检测结果	得分
1	刀架电气检测原理图	(1) 主电路部分	15	(1) 绘图不正确，每处扣10分 (2) 绘图不完整，每处扣5分		
		(2) 控制电路部分	8			
		(3) 信号电路部分	15			
2	元器件清单	(1) 元件选择完整 (2) 元件容量选择	8	(1) 元件选择不完整，每处扣2分 (2) 元件容量选择不正确，每处扣2分		
3	电气连接	(1) 元件布局 (2) 接线工艺	20	(1) 元器件布局不合理，每处扣2分 (2) 导线选择不正确，每处扣2分 (3) 接线工艺不合理，每处扣2分		
4	结果验证及故障排除	(1) 刀架正反转 (2) 刀位选择	30	(1) 刀架不能转动不得分 (2) 刀架不能正转或某一刀位不能转到，扣10分 (3) 刀架不能反转或某一刀位不能转到，扣10分 (4) 不能转到指定刀位，每工位扣5分		
5	安全文明生产	应符合国家安全文明生产的有关规定	4	违反安全操作的有关规定，不得分		

任务2　刀架PLC控制

任务导入

一台GSK218M－CNC车床，配四工位电动刀架，在任务1“刀架的电气安装与调试”的基础上，根据刀架换刀方式，试分析刀架的换刀控制PLC程序，并对刀架功能进行调试。

任务目标

(1) 能读懂数控车床刀架换刀控制 PLC 程序,并能修改其中的错误,能通过刀架 PLC 梯形图诊断数控机床常见刀架故障。

(2) 能正确调整刀架控制部分参数,完成刀架功能综合调试。

(3) 能根据刀架常见故障现象,分析故障原因并正确排除。

任务分析

数控车床数控核心部分主要由 NC 及 PLC 两部分组成,电动刀架 PLC 控制程序是数控车床 PLC 控制程序中较为复杂的部分。

能正确分析电动刀架 PLC 控制程序,能设计自动换刀控制的部分 PLC 程序,能合理设置刀架控制参数,并能对刀架功能进行综合调试等,是准确检修刀架故障的重要基础。本任务在任务 1“刀架的电气安装与调试”的基础上,根据 GSK218M 标准 PLC 定义的信号与地址,分析自动换刀控制的 PLC 程序,完成刀架功能调试。

任务实施

一、相关知识

1. 刀架控制相关信号及对应地址

刀架控制信号及对应地址如表 5-2-1 所示。

表 5-2-1 刀架控制 X、Y、G、F 信号及对应地址

信 号	信号流向	地址(接口)	信 号	信号流向	地 址
T01:1 号刀位信号	MT→PLC	X0001.6(XS40/6)	单步方式检测信号	NC→PLC	F0003.0
T02:2 号刀位信号	MT→PLC	X0001.7(XS40/5)	手轮方式检测信号	NC→PLC	F0003.1
T03:3 号刀位信号	MT→PLC	X0000.0(XS40/4)	手动方式检测信号	NC→PLC	F0003.2
T04:4 号刀位信号	MT→PLC	X0000.1(XS40/3)	机械回零方式检测信号	NC→PLC	F0004.5
TCP:刀架锁紧信号(与 PRES 信号共用一接口)	MT→PLC	X0000.7(XS39/12)	程序回零方式检测信号	NC→PLC	F0004.6
TL+:刀架正转信号	PLC→MT	Y0001.6(XS40/12)	刀具功能选通信号	NC→PLC	F0007.3
TL-:刀架反转信号	PLC→MT	Y0001.7 (XS40/13)	刀具功能代码信号	NC→PLC	F0026
辅助功能结束信号	PLC→NC	G0004.3	刀架锁紧信号电平选择	NC→PLC	F0205.0
手动顺序换刀信号	PLC→NC	G0044.7	刀架到位信号电平选择	NC→PLC	F0205.1
当前刀位信号	PLC→NC	G0201	总刀位数	NC→PLC	F0207
报警信号	NC→PLC	F0001.0	换刀方式选择	NC→PLC	F0223.0
复位信号	NC→PLC	F0001.1	换刀结束是否检测到位信号	NC→PLC	F0223.2

注意：本任务以四工位刀架为例，故刀位信号为 T01～T04。GSK218M－CNC 标准 PLC 程序可定义 T01～T08，标准 PLC 程序定义的 T05～T08 信号接口为复用接口，T05 与 SPEN 信号共用同一接口，T07 与 M41I、WQPJ 信号共用同一接口，T08 与 M42I、NQPJ 信号共用同一接口；复用接口同时只能有一个功能有效。

2. 刀架控制相关参数

GSK218M 系统支持最多带 32 个刀位的刀架，如果刀架是 4～8 工位电动刀架，刀位信号直接输入，正向旋转选刀，反向旋转锁紧。刀架控制相关参数如表 5－2－2 所示。

表 5－2－2　刀架控制相关参数

参数									参数说明
011							TSGN	TCPS	TSGN＝0：刀位信号与＋24 V接通有效；TSGN＝1：刀位信号与＋24 V 断开有效；TCPS＝0：刀架锁紧信号与＋24 V 断开有效；TCPS＝1：刀架锁紧信号与＋24 V 接通有效
182						PB6		PB5	Bit0(PB5)＝0：换刀方式 B；Bit0(PB5)＝1：换刀方式 A；Bit2(PB6)＝0：换刀结束时不检测刀位信号；Bit2(PB6)＝1：换刀结束时检测刀位信号
076	TIMAXT								TIMAXT：换刀时，移动一刀位所需的时间上限
078	TLMAXT								TLMAXT：换刀所需要的时间上限
082	T1TIME								T1TIME：换刀 T_1 时间，即刀架正转停止到反转锁紧开始的延迟时间
083	TCPWRN								T_2：未接收到刀架锁紧 TCP 信号的报警时间，范围：0～4 000 ms
084	TMAX								TMAX：总刀位数选择
085	TCPTIME								TCPTIME：换刀 T_2 时间，即刀架反转锁紧时间

另外，诊断信息 DGN.005 的 Bit7(TL—)和 Bit6(TL+)可检查刀架的正反转输出信号是否有效，诊断信息 DGN.000 的 Bit0～Bit3(T01～T04)可检查 T01～T04 刀位信号是否有效。

3. 换刀方式及换刀控制时序

GSK218M-CNC 的标准 PLC 程序定义了四种换刀方式，由表 5-2-2 可知，换刀方式由状态参数 No.182 的 Bit0(PB5)与 Bit2(PB6)定义。

(1) PB5=0，PB6=0：换刀方式 B，控制时序有两种方法，如图 5-2-1 所示。

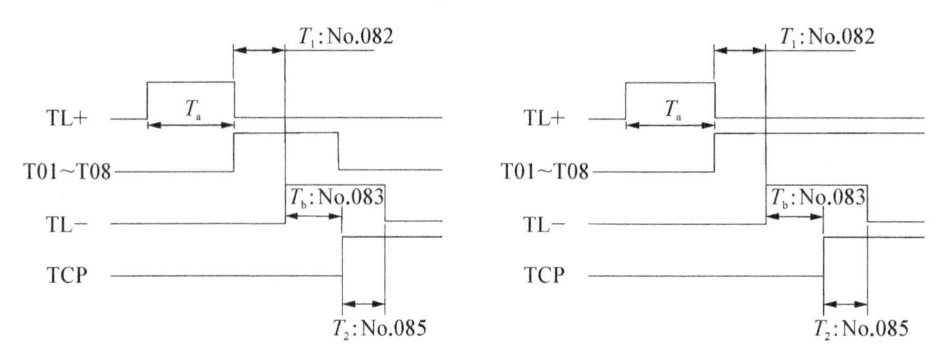

图 5-2-1　换刀方式 B 控制时序

① 执行换刀操作后，系统输出刀架正转信号 TL+并开始检测刀具到位信号，检测到刀具到位信号后，关闭 TL+输出，延迟数据参数 No.082 设定的时间后输出刀架反转信号 TL—。然后检查锁紧信号 TCP，当接收到此信号后，延迟数据参数 No.085 设置的时间，关闭刀架反转信号TL—，换刀结束。

② 当系统输出刀架反转信号后，在数据参数 No.083 设定的时间内，如果系统没有接收到 TCP 信号，系统将产生报警并关闭刀架反转信号。

③ 若刀架无刀架锁紧信号，可把状态参数 No.011 的 Bit0(TCPs)设定为 0，此时刀架锁紧信号一直有效(一直与+24V 断开)。

(2) PB5=0，PB6=1：换刀方式 B(带到位检测)，控制时序如图 5-2-2 所示。

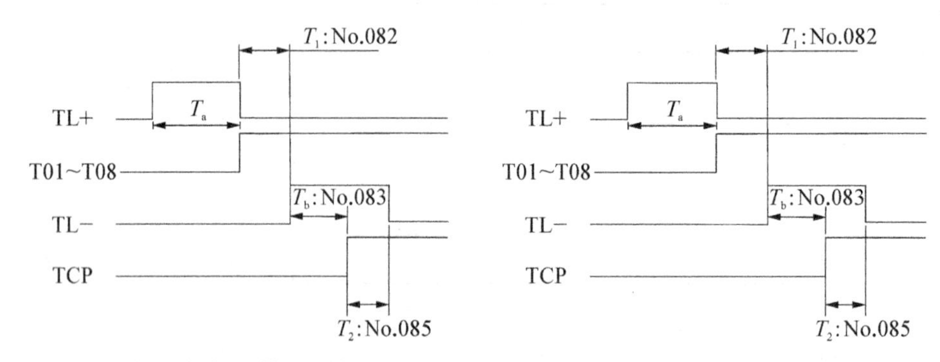

图 5-2-2　换刀方式 B(带刀位检测)控制时序　　图 5-2-3　换刀方式 A 控制时序

换刀过程基本和换刀方式B相同，仅增加了刀位确认这一环节，CNC停止输出刀架反转信号TL－的瞬间检测确认刀位信号，即当前的刀位输入信号是否与当前的刀号一致，若一致，换刀过程完成；若不一致，CNC出现“换刀未完成”报警。

(3) PB5＝1，PB6＝0：换刀方式A，控制时序如图5－2－3所示。

在手动、MDI或自动方式下，执行换刀操作后，CNC输出刀架正转信号TL＋，并开始检测刀位信号，在检测到刀位信号后关闭刀架正转信号TL＋，并开始检测刀位信号是否有跳变，若有跳变则输出刀架反转信号TL－，刀架反转信号TL－输出后开始检测锁紧信号TCP，当接收到此信号后，延迟数据参数No.085设置的时间，关闭刀架反转信号TL－，换刀结束。

注意：数据参数No.082设定无效，刀架正转停止到刀架反转锁紧开始的延迟时间不作检查；除数据参数No.082外，其余刀架控制的相关参数的设定及功能均有效。

(4) PB5＝1，PB6＝1：换刀方式A(带到位检测)，控制时序如图5－2－4所示。

换刀过程基本同换刀方式A，仅增加了刀位确认这一环节，CNC停止输出刀架反转信号的瞬间检测确认刀位信号，即当前的刀位输入信号是否与当前的刀号一致，若一致，换刀过程完成；若不一致，CNC出现“换刀未完成”报警。

注意：当 T_a 大于数据参数No.078设定的时间时，换刀时间过长将产生报警。

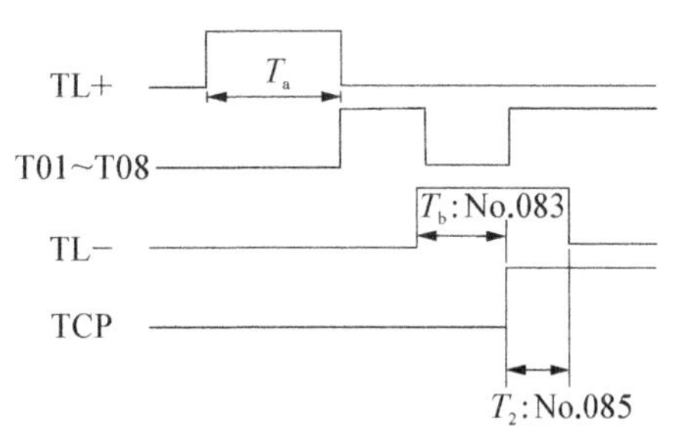

图5－2－4 换刀方式A(带刀位检测)控制时序

二、实施步骤

1. 分析换刀控制PLC程序

1) 换刀方式选择

根据参数中设置的不同换刀方式调用不同的换刀方式子程序，程序如图5－2－5所示。

图5－2－5 换刀方式选择程序

2) 换刀方式A(参数延时反转锁紧)

(1) 调用读刀位信号子程序，程序如图5－2－6所示。在选择了换刀方式后，在刀位与其他信号复用的参数设置正确(R0056.0常闭)的情况下，调用读刀位信号子程序P0001。

图 5-2-6 调用读刀位信号子程序

(2) 检查刀位信号并上传到NC,程序如图5-2-7所示。

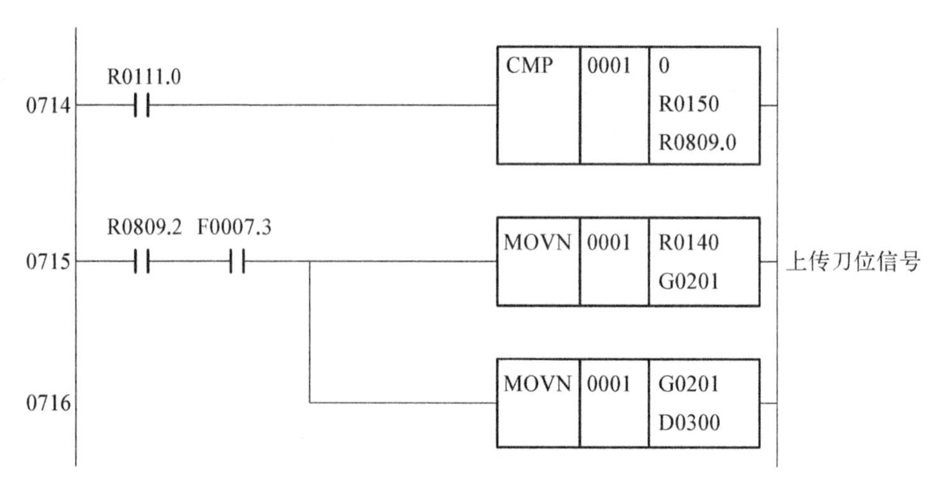

图 5-2-7 检查刀位信号并上传到NC程序

R0111.0触点是一直接通的,即0和读刀位信号子程序P1读取到的结果R0150一直进行比较,比较的结果存到R0809.0开始的3位中。如果R0809.2接通,表示当前刀位大于0,即检测到有刀位信号。如果刀位大于0且刀具功能选通信号F0007.3接通,则将当前刀位上传到NC中,即将检测到的结果R0140(R0140是前刀位二进制值,即R0150经过二进制代码转换后的结果)传送到G0201,同时将当前刀位数据保存到D0300中。

(3) 判断是否需要换刀,程序如图5-2-8所示。在刀具功能选通信号F0007.3接通、上次换刀已经结束(R0220.4常闭)的情况下,比较指令刀号(F0026)与当前刀号(R0140)是否相等。不相等时(R0040.0未接通)说明要换刀,在没有换刀报警和其他报警信号的情况下,置位R0220.0开始换刀,同时置位R0220.4,在换刀过程中不再接收换刀指令,置位换刀标志K0002.0。

(4) 调用换刀步骤。换刀步骤分为四步,分别由四个子程序P0124、P0125、P0126、P0127来实现,调用换刀步骤程序如图5-2-9所示。由前面程序可知,如果需要换刀,R0220.0已经置位,此时调用换刀第一步子程序P0124,输出刀架正转信号,并检测刀位信号。当转到目标刀号时,复位R0220.0、置位R0220.1,进入换刀过程的第二步……依此类推,在一个子程序完成、需要进入下一步骤时,复位本步骤的驱动元件,并置位下一步骤的驱动元件,直到所有步骤完成为止。

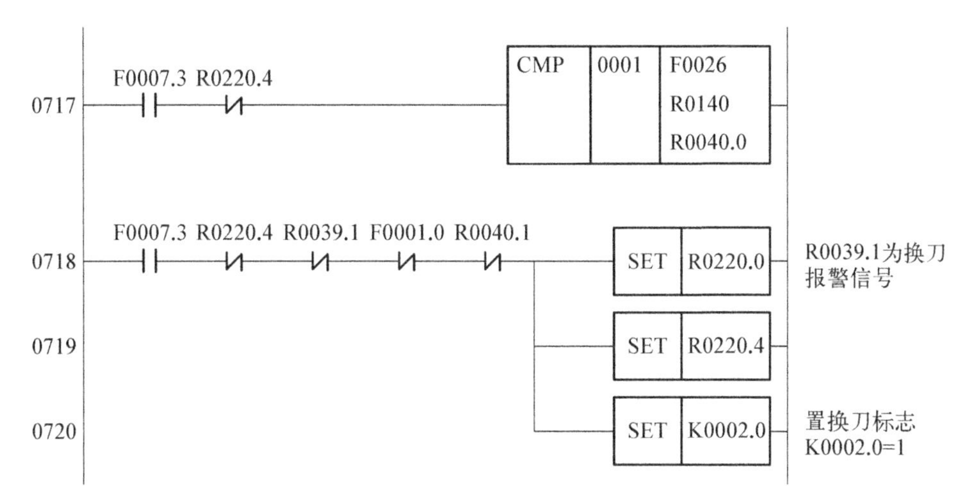

图 5-2-8　判断是否需要换刀程序

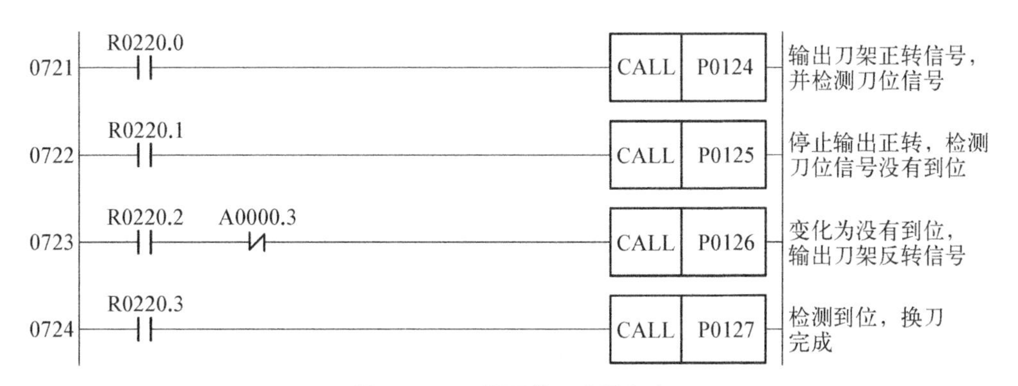

图 5-2-9　调用换刀步骤程序

(5) 换刀超时检测，程序如图 5-2-10 所示。如果换刀装置出现机械卡死，正转换刀时电动机会处于堵转状态，电动机长时间处于堵转状态将会发热烧毁，因此，需要设置一个换刀超时检测程序。在输出正转信号的同时使用定时器 T0024 来进行定时，定时值由数据参数 No.078 设置(参数值存在寄存器 DT0004)，正常换刀不会超过这个时间，如果超过这个时间说明换刀部分出现了故障，R0011.0 接通。

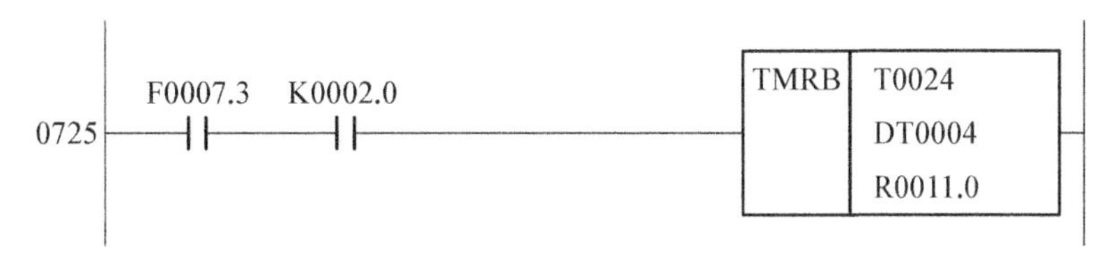

图 5-2-10　换刀超时检测程序

(6) 换刀结束信号及报警显示，程序如图 5-2-11 所示。在换刀前 F0007.3 是不接通的，所以 R0211.0(换刀结束信号)不会被驱动；在换刀过程中，F0007.3、K0002.0 是接通的，所以 R0211.0 也不会被驱动；在换刀结束的时候，换刀标志 K0002.0 复位，此时程序第一行中的 R0211.0 被驱动，在 GSK218M－PLC 主程序中会把所有辅助功能的结束信号发送到 G004.3。如果在换刀过程中设定的最大换刀时间已经到了，换刀还没有完成，则 A000.1 被驱动，屏幕显示“换刀完成时，刀架未到位”信息，表示最大换刀时间设置过小，除此之外的超时，可认为是换刀装置故障，屏幕显示“换刀时间过长”报警。如果刀具功能选通信号已经结束了而换刀标志 K0002.0 还未复位，说明换刀未完成，显示“换刀未完成”报警。换刀完成后(K0002.0 未接通)，驱动 K0002.1 用于复位图 5－2－12 中的计数器 C0025。

图 5－2－11　换刀结束信号及报警显示程序

(7) 复位换刀标志，程序如图 5－2－12 所示。

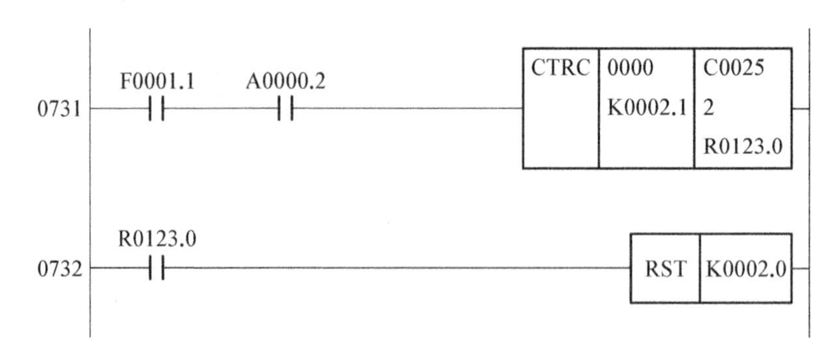

图 5－2－12　复位换刀标志程序

由上述可知，在出现“换刀未完成”报警时，K0002.0 还处于接通状态，所以需要将 K0002.0 复位，复位成功后将会驱动 K0002.1，使计数器 C0025 复位。两次按下复位键后 R0123.0 接通，复位 K0002.0。

(8) 报警处理。在有报警信号时调用报警处理子程序 P0712，如图 5－2－13 所示。

图 5－2－13　调用报警处理程序

(9) 急停、复位状态检测。在急停或者复位状态时驱动 R0039.1，如图 5-2-14 所示。

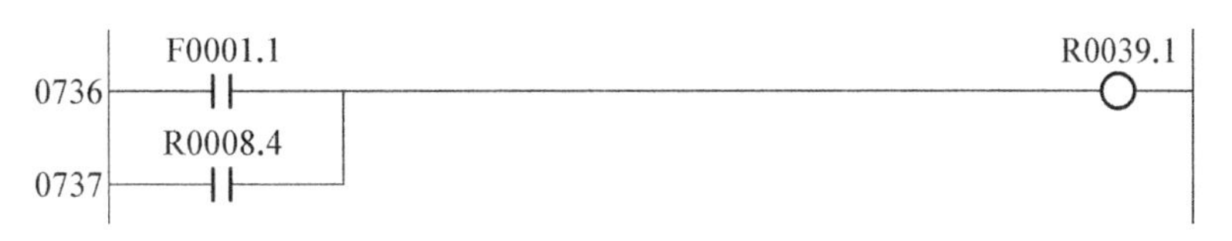

图 5-2-14 急停、复位状态检测程序

(10) 手动换刀，程序如图 5-2-15 所示。

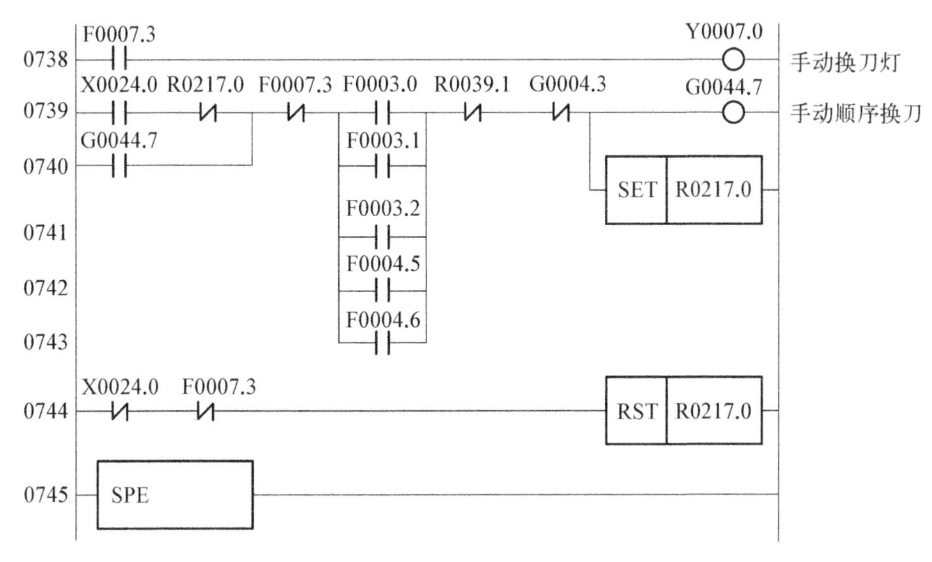

图 5-2-15 手动换刀程序

第一行程序用于指示手动换刀状态，驱动机床面板上的手动换刀指示灯。当按下手动换刀按钮时，X0024.0 接通，在单步、手轮、手动、机械回零、程序回零等方式检测信号中的其中任意一个有效时，驱动 G0044.7，向 NC 申请换刀，如果 NC 同意申请后(F0007.3 接通)，PLC 可以开始换刀。

(11) 读刀位信号子程序。No.084 参数中设置了总刀位数，不同的刀位数对应于不同的辅助继电器，总刀位数与辅助继电器的对应关系如表 5-2-3 所示。

表 5-2-3 总刀位数与辅助继电器的对应关系

总 刀 位 数	辅助继电器	总 刀 位 数	辅助继电器
刀位数>4	R0057.0	刀位数>6	R0055.0
刀位数=4	R0057.1	刀位数=6	R0055.1
刀位数<4	R0057.2	刀位数<6	R0055.2

由表 5-2-3 以及图 5-2-16 可知，当刀位≤4 时，R0057.1、R0057.2 接通，驱动 R0151.0；当 4<刀位≤6 时，R0055.1、R0055.2、R0057.0 接通，驱动 R0151.1；当刀位>6 时，R0055.0 接通，驱动 R0151.2。

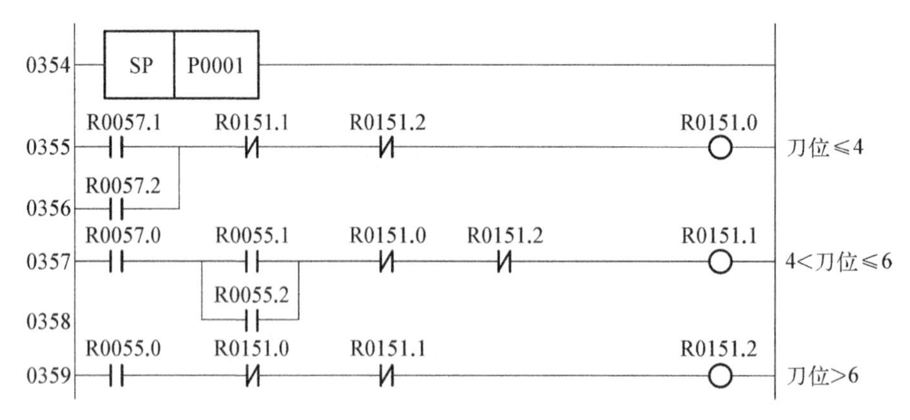

图 5-2-16　读刀位信号子程序

(12) 当前刀位检测。由于刀位检测传感器和接线方法的不同，导致检测刀具到位后的信号电平可能不同，所以要根据实际接线设置参数(No.011 的 Bit1)来选择刀架到位信号电平。当前刀位检测程序如图 5-2-17 所示，在程序中根据不同的信号电平来检测刀位，检测的结果存到 R0150 中，R0150.0～R0150.7 分别对应 T01～T08。

(13) 刀位信号译码，程序如图 5-2-18 所示。根据不同的刀位数将检测到的结果采用二进制代码转换指令进行转换，使信号符合 NC 的要求。

(14) 刀位数循环，程序如图 5-2-19 所示。如果当前刀位(R0140 中的数据)大于 No.084 参数中设定的最大刀位数，则将 R0140 置 0。

(15) 换刀第一步，程序如图 5-2-20 所示。需要换刀时 R0220.0 已置位，这时执行比较指令，将 R0140(当前刀位)和 F0026(指令刀位)进行比较。如果比较结果不相等，在没有刀架反转信号(Y0001.7 常闭)的情况下输出刀架正转信号(Y0001.6=1)，刀架开始正转换刀。当检测到刀架到位信号(即当前刀位与指令刀位相等)时，停止正转输出，同时 R0220.0 复位，R0220.1 置位，进入换刀下一步骤。

(16) 换刀第二步，程序如图 5-2-21 所示。当检测到刀架到位信号并停止输出刀架正转信号后，刀架还会由于惯性转动一小段距离而离开传感器的检测位，因此，必须再次检测刀架是否到位，如果没有到位则将 R0220.1 复位，R0220.2 置位，进入换刀的下一步骤。

注意：传感器要安装到刀架锁紧后的位置。

(17) 换刀第三步，程序如图 5-2-22 所示。这一步开始输出反转信号，刀架开始反转，刀架反转锁紧时间由 No.083 参数(对应寄存器 DT0008)设定。刀架反转锁紧时间到后停止反转，同时 R0220.3 置位，R0220.2 复位，进入换刀下一步骤。但如果反转时间超过 DT0008 中时间，即未接收到 TCP 的报警时间，则产生报警。

(18) 换刀第四步，程序如图 5-2-23 所示。根据参数 No.182 的 Bit2 的设置，如换

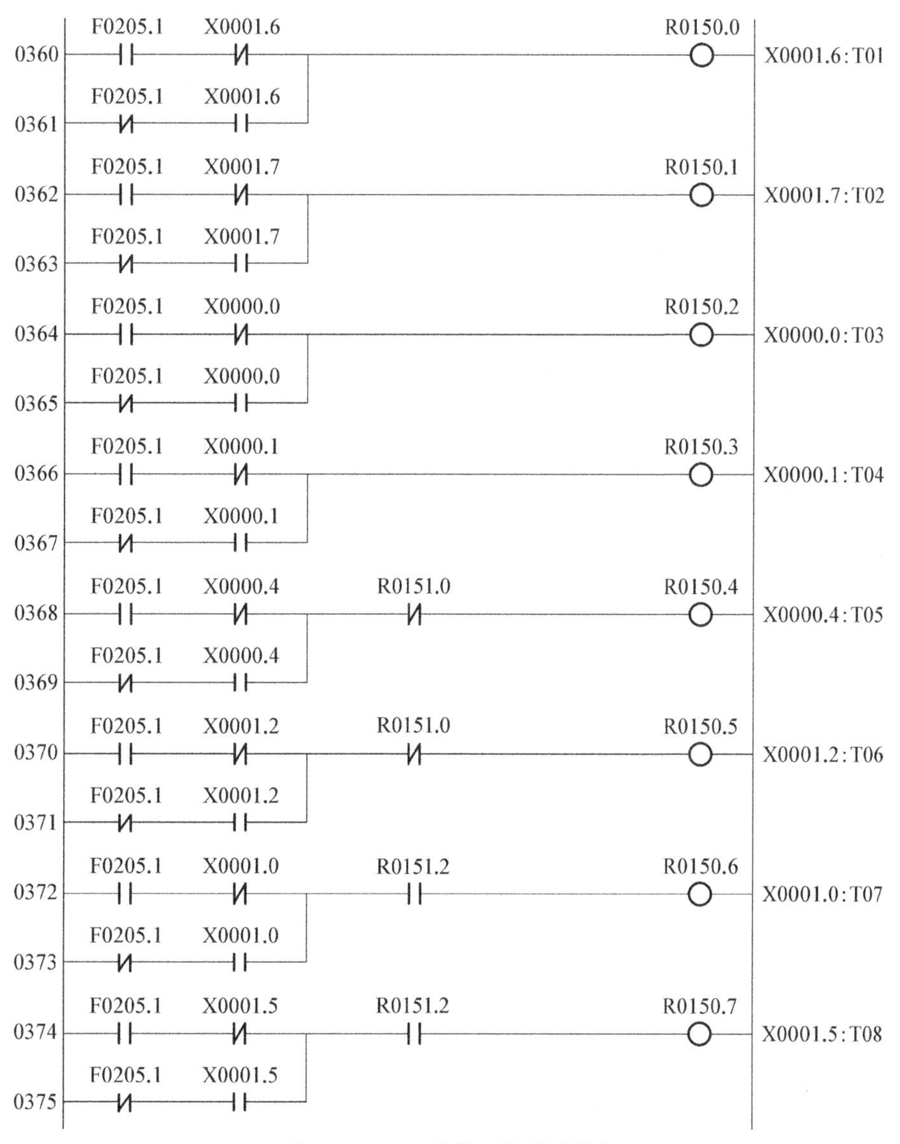

图 5-2-17 当前刀位检测程序

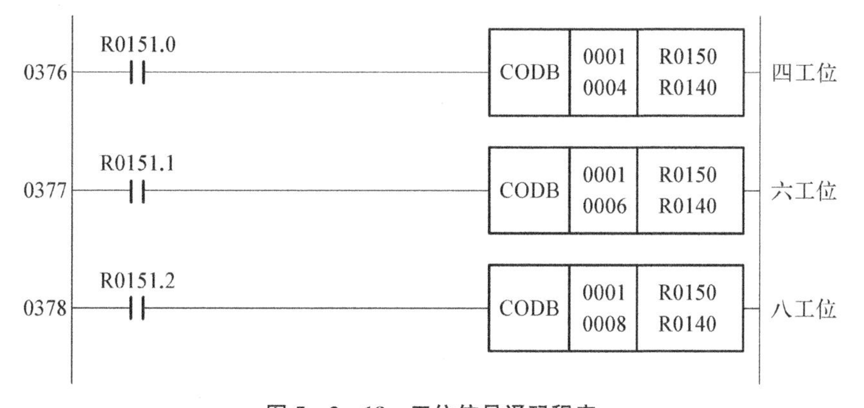

图 5-2-18 刀位信号译码程序

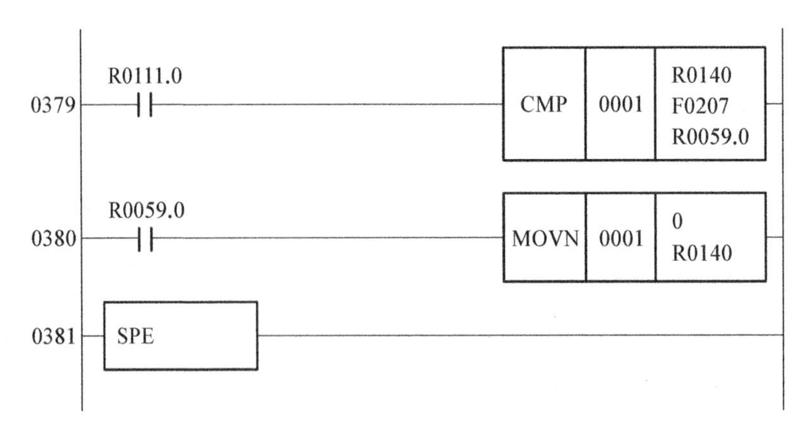

图 5-2-19　刀位数循环程序

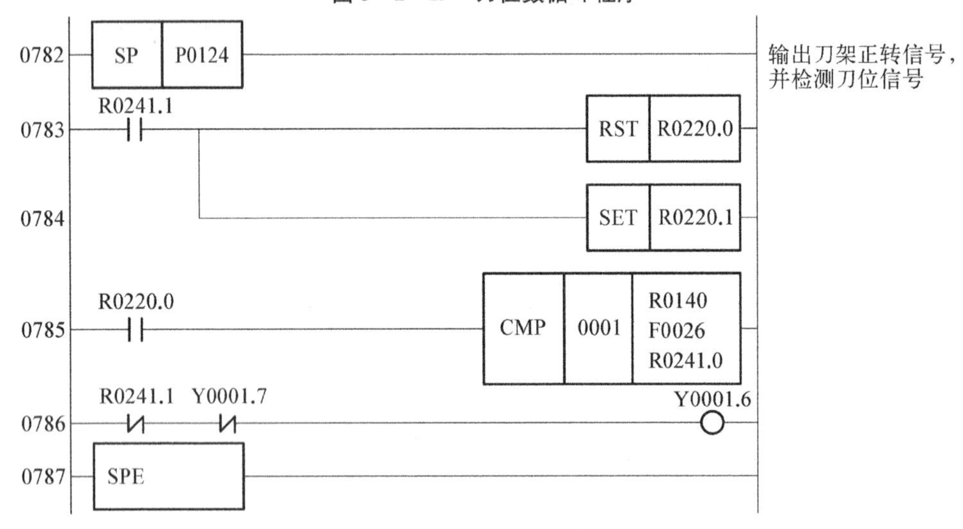

图 5-2-20　换刀第一步程序

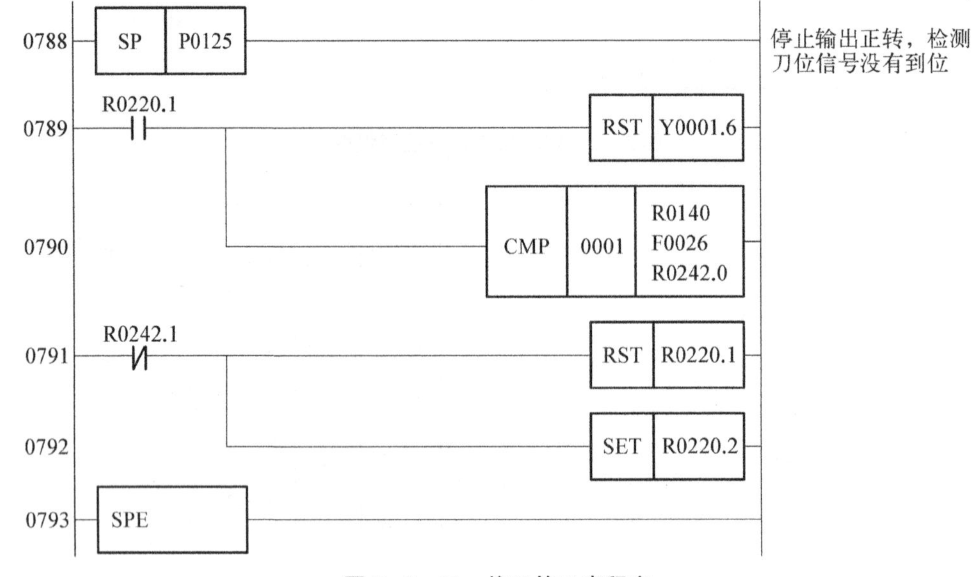

图 5-2-21　换刀第二步程序

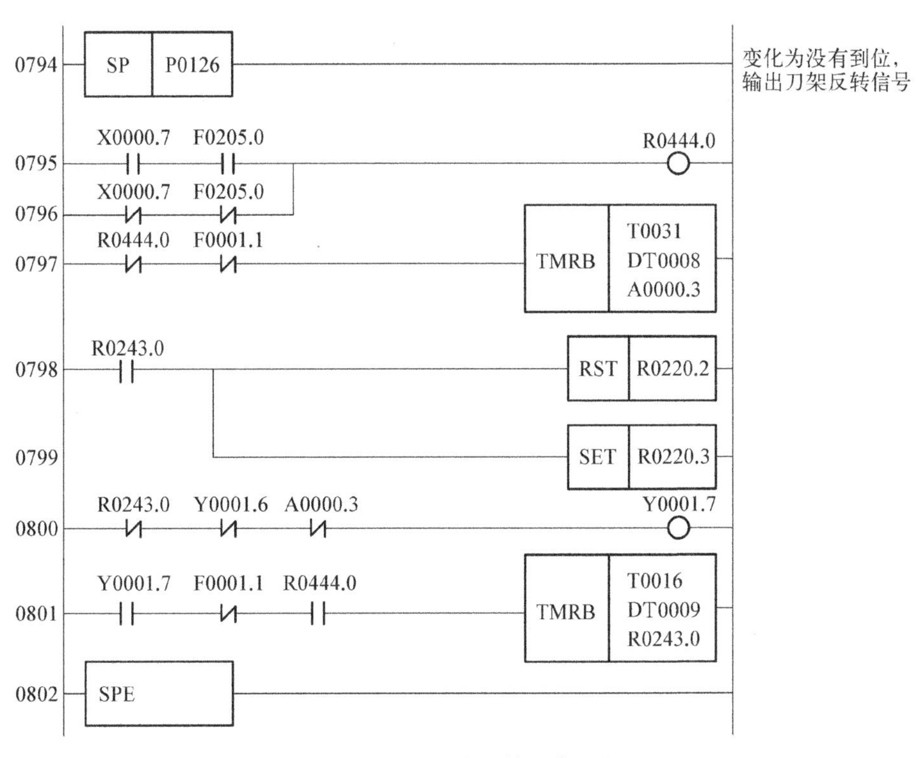

图 5－2－22　换刀第三步程序

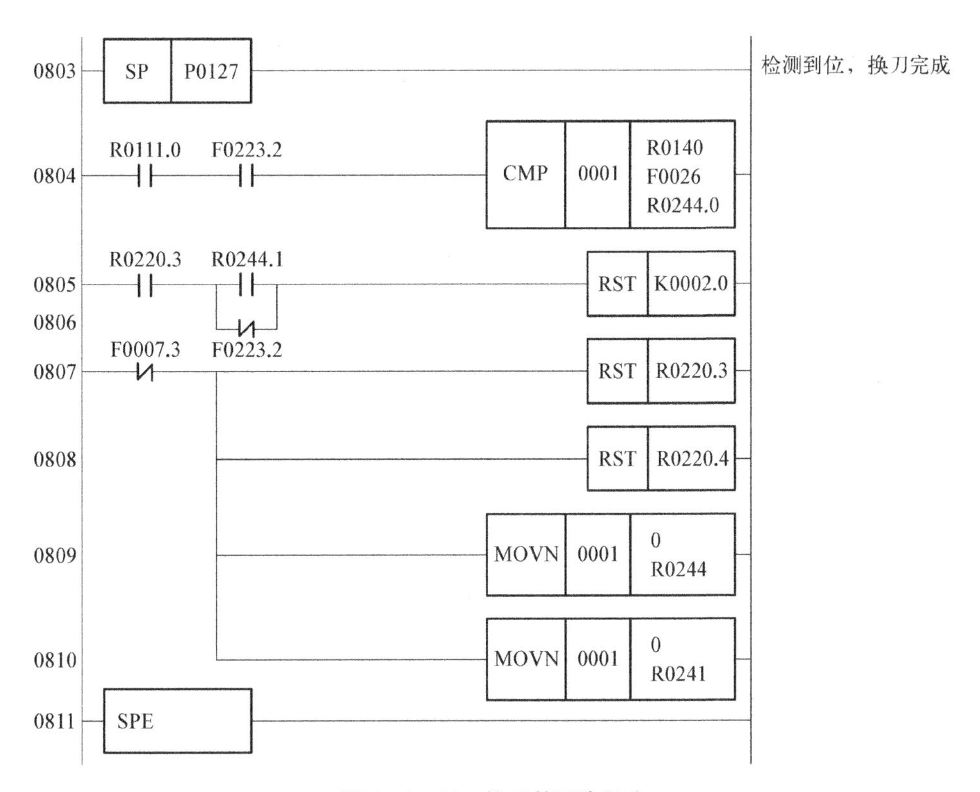

图 5－2－23　换刀第四步程序

刀结束时需检测刀位信号，则在确定刀架到位后将换刀标志 K002.0 复位；如换刀结束时不需检测刀位信号，则直接将 K0002.0 复位。刀具功能选通信号消失后，将 R0220.3、R0220.4、R0244、R0241 复位，为下次换刀做好准备。

(19) 报警处理，程序如图 5-2-24 所示。在换刀过程中一旦出现报警，则调用此子程序，将刀架正转、反转信号复位，将换刀过程中的临时数据清除。

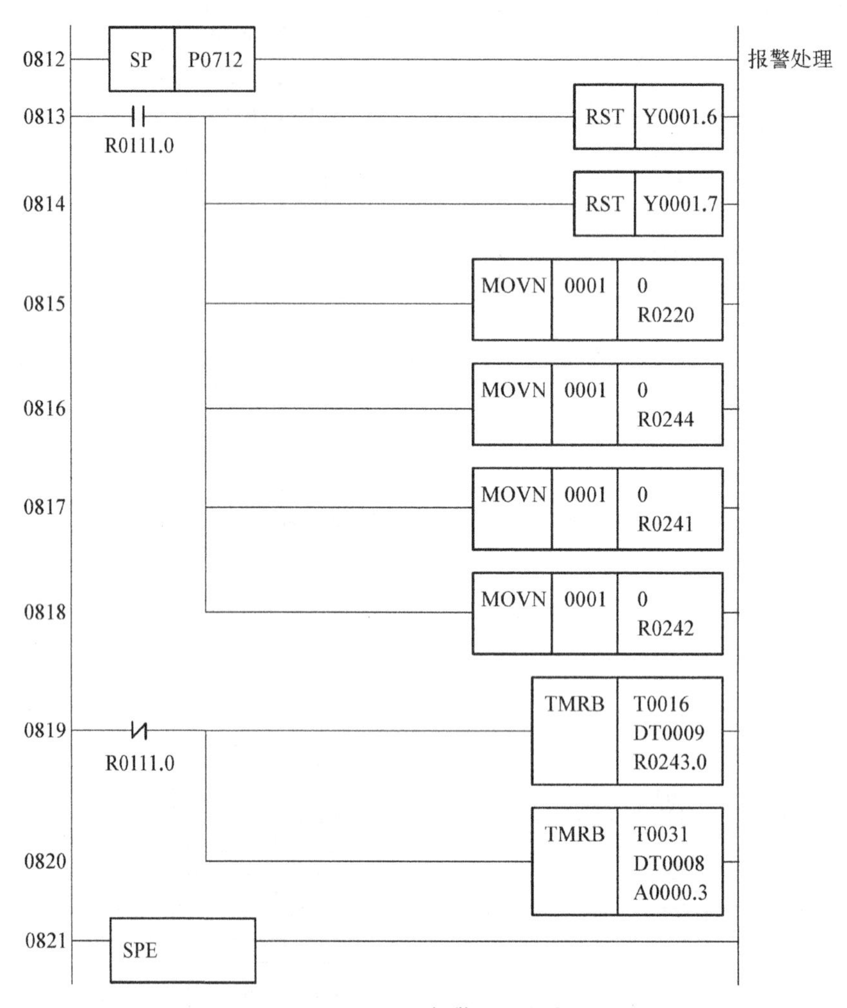

图 5-2-24 报警处理程序

三、刀架 PLC 程序调试

刀架 PLC 程序调试方法参照项目四任务 2“数控机床 PLC 编程与调试”。

四、刀架功能调整

1. 参数调整

1) 刀架控制相关参数值的设定

(1) 根据机床实际情况，No.084 设定为 4，No.011 的 Bit1(TSGN)设定为 1，即刀具到位信号为低电平有效，要并接上拉电阻。

(2) 根据机床实际情况并反复调试，合理设定 No.076、No.078、No.082、No.085 等参数。

注意：反转锁紧时间设置要合适，设置时间不能太长也不能太短，反转锁紧时间过长容易损坏电动机，反转锁紧时间过短则刀架可能锁不紧。

2) 检验刀架是否锁紧

用百分表靠紧刀架，人为扳动刀架，百分表指针浮动不应超出 0.01 mm 为宜。

2. 刀架功能综合调试

调试中，每一个刀位、最大转换的刀位都必须进行一次换刀，观察换刀是否正确，时间参数设定是否合适。

按如表 5-2-4 所示项目检查调试刀架，注意切换机床的工作状态，如有问题请根据前面所学知识与技能进行故障原因分析并排除，并将检查结果填入表中。

表 5-2-4 刀架功能试运行

工作方式	检查项目	检 验 方 法	是否正常	故障现象、原因分析及排除记录
手动选刀	1 号刀	选择 1 号刀位，按下刀位转换，机床开始换刀，并最终停在 1 号刀位		
	2 号刀	选择 2 号刀位，按下刀位转换，机床开始换刀，并最终停在 2 号刀位		
	3 号刀	选择 3 号刀位，按下刀位转换，机床开始换刀，并最终停在 3 号刀位		
	4 号刀	选择 4 号刀位，按下刀位转换，机床开始换刀，并最终停在 4 号刀位		
MDI 方式下换刀	1 号刀	输入 T01 后，按循环启动刀架旋转开始换刀，换刀成功后停在 1 号刀位		
	2 号刀	输入 T02 后，按循环启动刀架旋转开始换刀，换刀成功后停在 2 号刀位		
	3 号刀	输入 T03 后，按循环启动刀架旋转开始换刀，换刀成功后停在 3 号刀位		
	4 号刀	输入 T04 后，按循环启动刀架旋转开始换刀，换刀成功后停在 4 号刀位		

注意：诊断信息 DGN.005 的 Bit7(TL－)和 Bit8(TL＋)检查刀架的正/反转输出信号是否有效，诊断信息 DGN.000 的 Bit0～Bit3 位(T01～T04)检查 T01～T04 刀位信号是否有效。

3. 刀架常见参数设置不当故障及其检修

人为设置两处刀架参数设置不当引起的故障，让学生观察故障现象，分析故障原因并在老师的引导下正确排除故障，严禁产生新的故障。电动刀架常见由于参数设置不当而引起的故障如表5-2-5所示。

表5-2-5 刀架参数设置不当的故障及处理

故障现象	故障原因	故障处理
电动刀架的每个刀位都转动不停	刀位电平信号参数未设置好	检查系统参数刀位高低电平检测参数是否正常，修改参数
电动刀架不转	反锁时间过长造成的机械卡死	在机械上放松刀架，然后通过系统参数调节刀架反锁时间
刀架锁不紧	系统反锁时间不够长	调整系统反锁时间参数

五、评分标准

序号	项目	考核内容及要求	得分	评分标准	检测结果	得分
1	刀架电气检测原理图	(1) 主电路部分	8	(1) 绘图不正确，每处扣8分 (2) 绘图不完整，每处扣5分		
		(2) 控制电路部分	5			
		(3) 信号电路部分	8			
2	编写梯形图	(1) 手动换刀梯形图 (2) 换刀第一～四步梯形图	30	(1) 绘图不正确，每处扣10分 (2) 绘图不完整，每处扣5分		
3	分析梯形图	(1) 刀位译码信号梯形图 (2) 当前刀位检测梯形图	10	分析不正确，每处扣3分		
4	系统参数调试	刀架控制部分	15	参数设置不正确，每处扣5分		
5	结果验证及故障排除	(1) 刀架正反转 (2) 刀位选择	20	(1) 刀架不能转动不得分 (2) 刀架不能正转或转位不停，扣10分 (3) 不能转到指定位置，每位扣5分		
6	安全文明生产	应符合国家安全文明生产的有关规定	4	违反安全操作的有关规定，不得分		

附录一 数控机床安装调试安全操作规程

（1）从事数控机床安装调试实习人员必须穿合格的绝缘鞋和工作服，女生要戴安全帽。

（2）操作时要检查所用电工工具的绝缘性能是否完好，有问题的应及时维修更换。

（3）操作时必须听从指导教师的指导，必须严格遵守各个安全操作规程，不得玩忽职守。

（4）操作者必须全面掌握本工种所用机床操作使用说明书的内容，熟悉本工种所用机床的一般性能和结构，禁止超性能使用。

（5）电源和电工设备及其线路，在没有查明是否带电之前均视为有电，不得擅自动用。

（6）安装维修操作时，要严格遵守停电送电规则，要做好突然送电的各项安全措施。

（7）机床装配完，需开机试机时应遵循先回零、手动、点动、自动的原则。机床运行应遵循先低速、中速、再高速的运行原则，其中低速、中速运行时间不得少于2～3分钟。当确定无异常情况后，方能开始其他工作。

（8）试机后应检查相关紧固螺钉、螺帽等的松紧情况，是否有松开或脱落现象，如有应研究其原因，予以排除。

（9）试机操作者应能看懂图纸、工艺文件、程序、加工顺序及编程原点，并且能够进行简单的编程。

（10）安装刀具时，应注意刀具的使用顺序，安放位置与程序要求的顺序及安放位置是否一致。

（11）必须熟悉了解机床的安全保护措施和安全操作规程，随时监控显示装置，发现报警信号时，能够判断报警内容及排除简单的故障。

（12）操作者在工作时更换刀具、工件、调整工件或离开机床时必须停机。

（13）必须有触电安全急救知识，发现有触电要立即采取抢救措施。

附录二 电气控制柜元件安装接线配线的规范

1. 元器件安装

(1) 前提：所有元器件应按制造厂规定的安装条件进行安装。

(2) 组装前首先看明图纸及技术要求。

(3) 检查产品型号、元器件型号、规格、数量等与图纸是否相符。

(4) 检查元器件有无损坏。

(5) 必须按图安装(如果有图)。

(6) 元器件组装顺序应从板前视，由左至右，由上至下。

(7) 同一型号产品应保证组装一致性。

(8) 面板、门板上的元件中心线的高度应符合规定。

组装产品应符合以下条件：

元 件 名 称	安 装 高 度/m
指示仪表、指示灯	0.6～2.0
电能计量仪表	0.6～1.8
控制开关、按钮	0.6～2.0
紧急操作件	0.8～1.6

① 操作方便。元器件在操作时，不应受到空间的妨碍，不应有触及带电体的可能。

② 维修容易。能够较方便地更换元器件及维修连线。

(9) 组装所用紧固件及金属零部件均应有防护层，对螺钉过孔、边缘及表面的毛刺、尖锋应打磨平整后再涂敷导电膏。

(10) 对于螺栓的紧固应选择适当的工具，不得破坏紧固件的防护层，并注意相应的扭矩。

(11) 主回路上面的元器件，一般电抗器，变压器需要接地，断路器不需要接地，下图为电抗器接地。

(12) 对于发热元件(如管形电阻、散热片等)的安装应考虑其散热情况，安装距离应符合元件规定。额定功率为 75 W 及以上的管形电阻器应横装，不得垂直地面竖向安装。下图为错误接法。

(13) 所有电器元件及附件，均应固定安装在支架或底板上，不得悬吊在电器及连线上。

(14) 接线面每个元件的附近有标牌，标注应与图纸相符。除元件本身附有供填写的标志牌外，标志牌不得固定在元件本体上。下图为端子的标识。

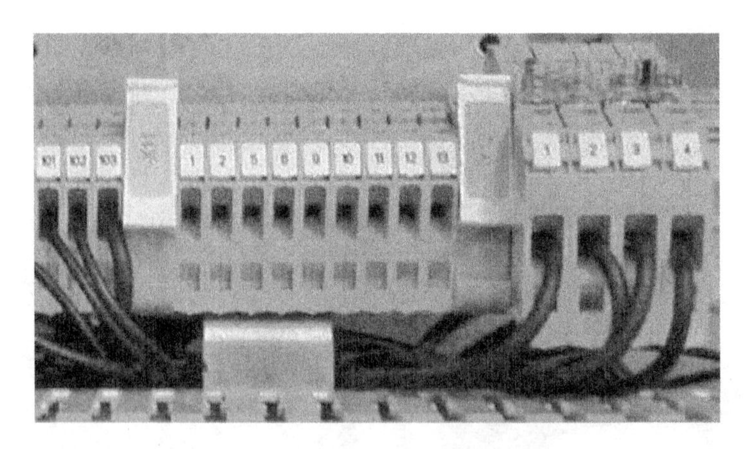

（15）安装于面板、门板上的元件、其标号应粘贴于面板及门板背面元件下方，如下方无位置时可贴于左方，但粘贴位置尽可能一致，如下图所示。

（16）保护接地连续性利用有效接线来保证。柜内任意两个金属部件通过螺钉连接时如有绝缘层均应采用相应规格的接地垫圈并注意将垫圈齿面接触零部件表面（图中圈处），或者破坏绝缘层，如下图所示。

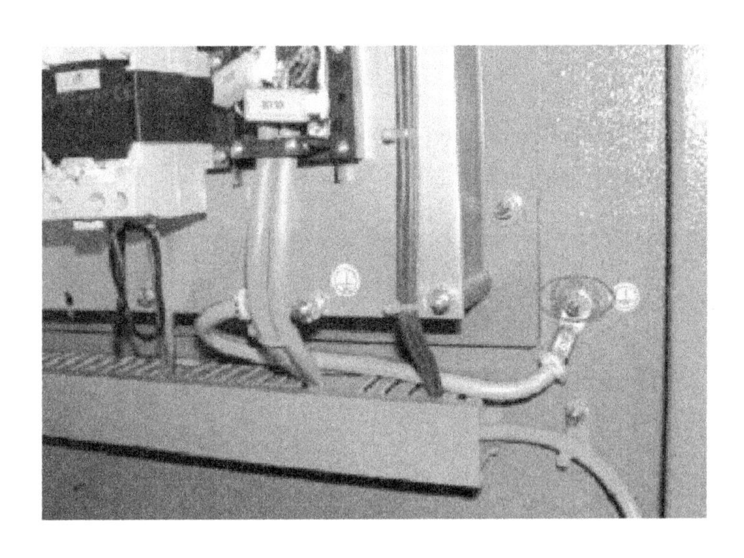

2. 二次回路布线

（1）基本要求：按图施工、连线正确。

（2）二次线的连接（包括螺栓连接、插接、焊接等）均应牢固可靠，线束应横平竖直，配置坚牢，层次分明，整齐美观。同一合同的相同元件走线方式应一致，如下图所示。

（3）单股导线不小于 1.5 mm^2；多股导线不小于 1.0 mm^2；弱电回路不小于 0.5 mm^2，电流回路不小于 2.5 mm^2；保护接地线不小于 2.5 mm^2。

（4）所有连接导线中间不应有接头。

（5）每个电器元件的接点最多允许接 2 根线。

（6）每个端子的接线点一般不宜接二根导线，特殊情况时如果必须接两根导线，则连接必须可靠。

(7) 二次线应远离飞弧元件，并不得妨碍电器的操作。

(8) 电流表与分流器的连线之间不得经过端子，其线长不得超过 3 米。

(9) 电流表与电流互感器之间的连线必须经过试验端子。

(10) 二次线不得从母线相间穿过。

3. 一次回路布线

(1) 一次配线应尽量选用矩形铜母线，当用矩形母线难以加工时或电流小于等于 100 A 可选用绝缘导线。接地铜母排的截面面积＝电柜进线母排单相截面面积×1/2 接地母排与接地端子。

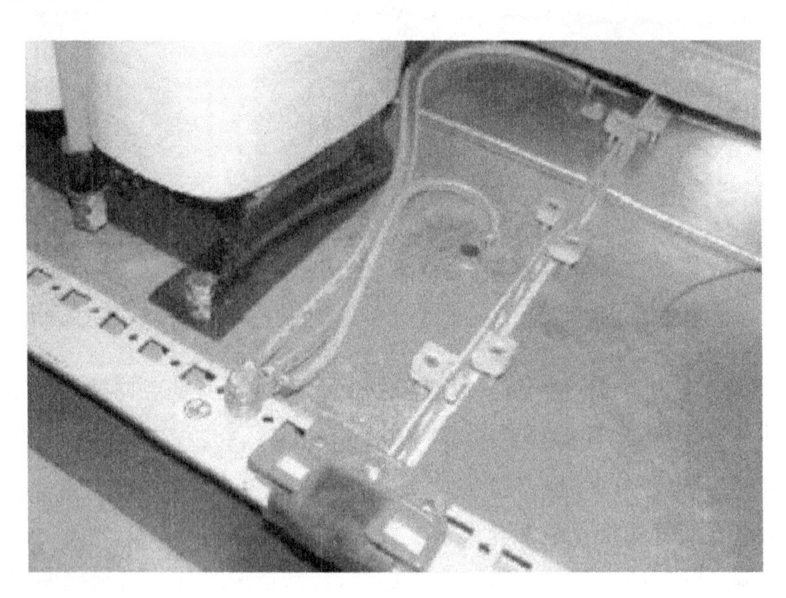

下图为错误接法：

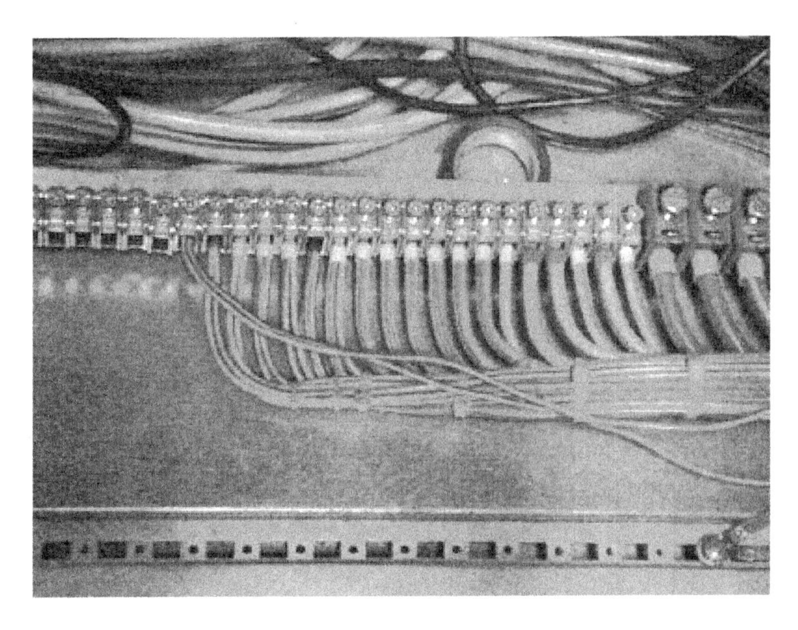

（2）汇流母线应按设计要求选取，主进线柜和联络柜母线按汇流选取，分支母线的选择应以自动空气开关的脱扣器额定工作电流为准，如自动空气开关不带脱扣器，则以其开关的额定电流值为准。对自动空气开关以下有数个分支回路的，如分支回路也装有自动空气开关，仍按上述原则选择分支母线截面。如没有自动空气开关，比如只有刀开关、熔断器、低压电流互感器等，则以低压电流互感器的一侧额定电流值选取分支母线截面；如果这些都没有，还可按接触器额定电流选取，如接触器也没有，最后按熔断器熔芯额定电流值选取。

主回路的走线：

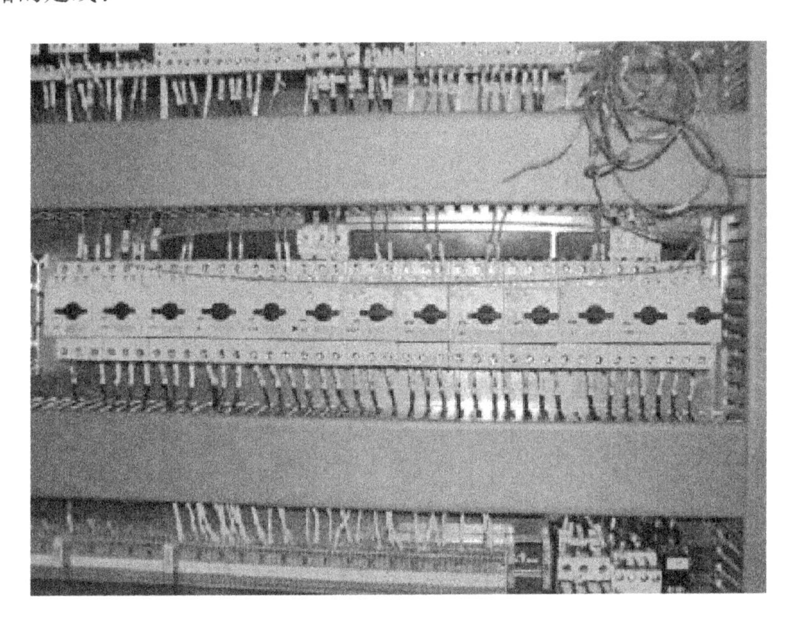

分支回路汇流排的正确接法(图中圈处)：

分支回路的汇流排的错误接法(图中圈处)：

(3) 铜母线载流量选择需查询有关文档，聚氯乙烯绝缘导线在线槽中，或导线成束状走行时，或防护等级较高时应适当考虑裕量。

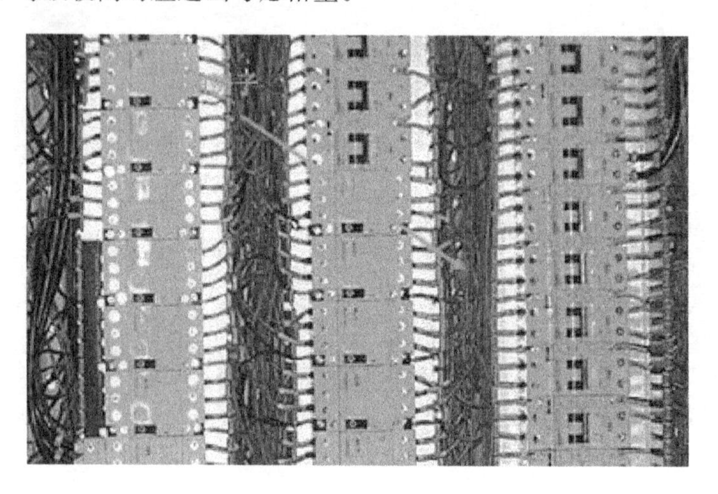

下图为错误接法：

(4) 母线应避开飞弧区域。

(5) 当交流主电路穿越形成闭合磁路的金属框架时，三相母线应在同一框孔中穿过。如接线不规范，必须把进入线槽的大电缆外层都剥开，把所有导线压进线槽。

(6) 电缆与柜体金属有摩擦时，需加橡胶垫圈以保护电缆。

下图为错误接法：

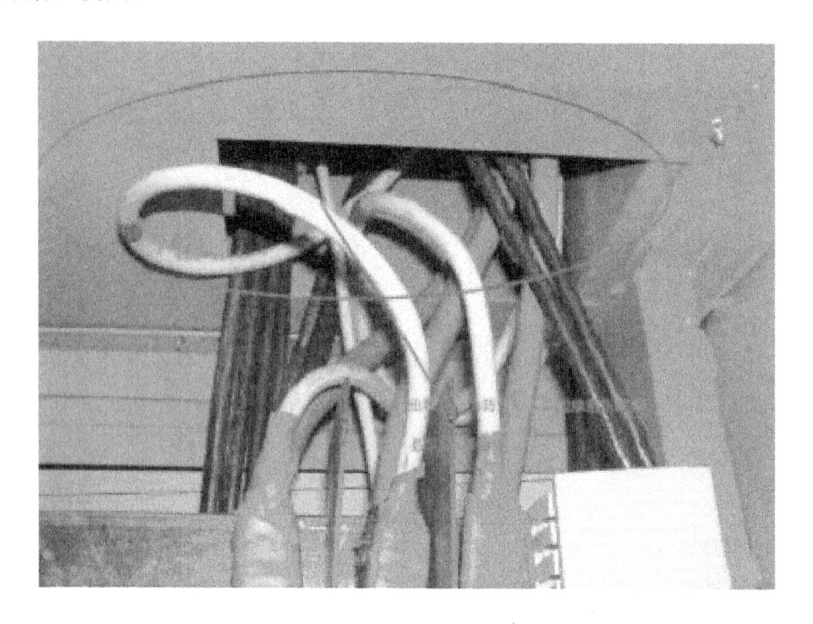

附录三 常用电工工具的使用及注意事项

1. 试电笔

使用时,必须手指触及笔尾的金属部分,并使氖管小窗背光且朝向自己,以便观测氖管的亮暗程度,防止因光线太强造成误判断,其使用方法如下图所示。

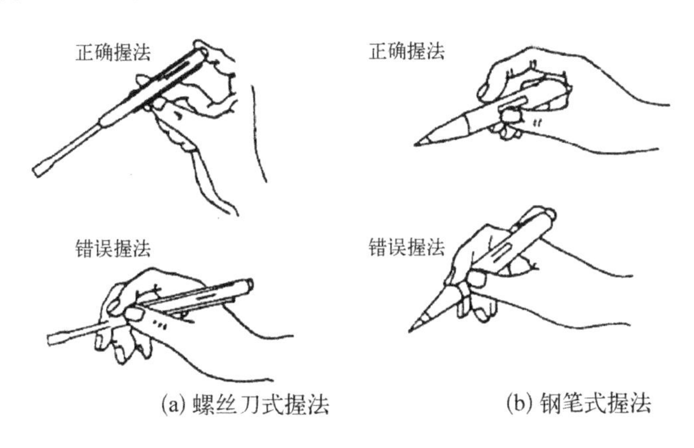

(a) 螺丝刀式握法　(b) 钢笔式握法

当用电笔测试带电体时,电流经带电体,电笔,人体及大地形成通电回路,只要带电体与大地之间的电位差超过 60 V 时,电笔中的氖管就会发光。低压验电器检测的电压范围的 60～500 V。

注意事项:

(1) 使用前,必须在有电源处对验电器进行测试,以证明该验电器确实良好,方可使用。

(2) 验电时,应使验电器逐渐靠近被测物体,直至氖管发亮,不可直接接触被测体。

(3) 验电时,手指必须触及笔尾的金属体,否则带电体也会误判为非带电体。

(4) 验电时,要防止手指触及笔尖的金属部分,以免造成触电事故。

2. 电工刀

注意事项:

(1) 不得用于带电作业,以免触电。

(2) 应将刀口朝外剖削,并注意避免伤及手指。

(3) 剖削导线绝缘层时,应使刀面与导线成较小的锐角,以免割伤导线。

(4) 使用完毕,随即将刀身折进刀柄。

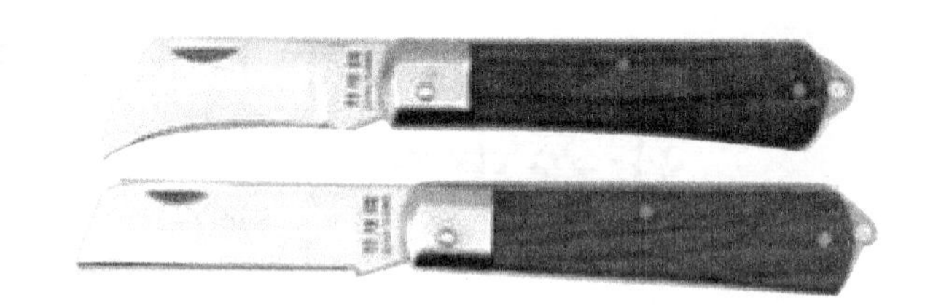

3. 螺丝刀

螺丝刀较大时,除大拇指,食指和中指要夹住握柄外,手掌还要顶住柄的末端以防旋转时滑脱;螺丝刀较小时,用大拇指和中指夹着握柄,同时用食指顶住柄的末端用力旋动;螺丝刀较长时,用右手压紧手柄并转动,同时左手握住起子的中间部分(不可放在螺钉周围,以免将手划伤),以防止起子滑脱。

注意事项:

(1) 带电作业时,手不可触及螺丝刀的金属杆,以免发生触电事故。

(2) 作为电工,不应使用金属杆直通握柄顶部的螺丝刀。

(3) 为防止金属杆触到人体或邻近带电体,金属杆应套上绝缘管。

4. 钢丝钳

钢丝钳在电工作业时,用途广泛。钳口可用来弯绞或钳夹导线线头;齿口可用来紧固或起松螺母;刀口可用来剪切导线或钳削导线绝缘层;侧口可用来铡切导线线芯,钢丝等较硬线材。钢丝钳各用途的使用方法如下图所示。

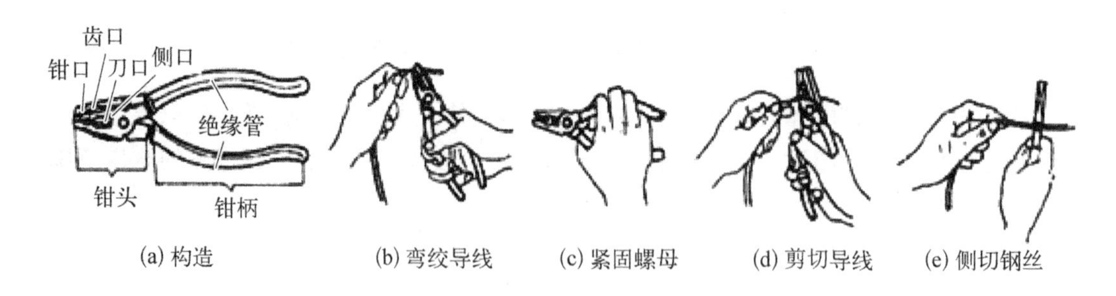

(a) 构造　(b) 弯绞导线　(c) 紧固螺母　(d) 剪切导线　(e) 侧切钢丝

注意事项:

(1) 使用前,使检查钢丝钳绝缘是否良好,以免带电作业时造成触电事故。

(2) 在带电剪切导线时,不得用刀口同时剪切不同电位的两根线(如相线与零线,相线与相线等),以免发生短路事故。

5. 尖嘴钳

尖嘴钳因其头部尖细(见下图),适用于在狭小的工作空间操作。

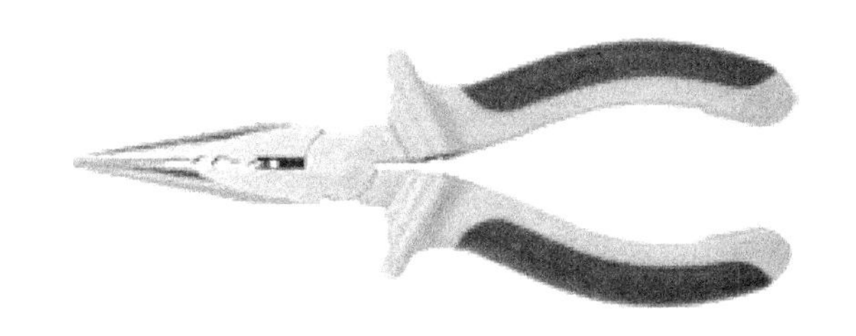

尖嘴钳可用来剪断较细小的导线；可用来夹持较小的螺钉、螺帽、垫圈、导线等；也可用来对单股导线整形（如平直，弯曲等）。若使用尖嘴钳带电作业，应检查其绝缘是否良好，并在作业时金属部分不要触及人体或邻近的带电体。

6. 斜口钳

专用于剪断各种电线电缆，如下左图所示。对粗细不同，硬度不同的材料，应选用大小合适的斜口钳。

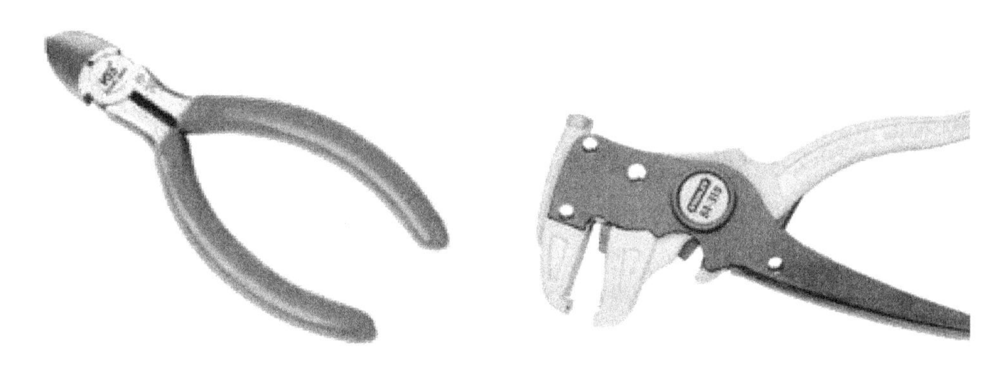

7. 剥线钳

剥线钳是专用于剥削较细小导线绝缘层的工具，其外形如上右图所示。

使用剥线钳剥削导线绝缘层时，先将要剥削的绝缘长度用标尺定好，然后将导线放入相应的刃口中（比导线直径稍大），再用手将钳柄一握，导线的绝缘层即被剥离。

8. 电烙铁

焊接前，一般要把焊头的氧化层除去，并用焊剂进行上锡处理，使得焊头的前端经常保持一层薄锡，以防止氧化，减少能耗，导热良好。

电烙铁的握法没有统一的要求，以不易疲劳，操作方便为原则，一般有笔握法和拳握法两种，如下图所示。

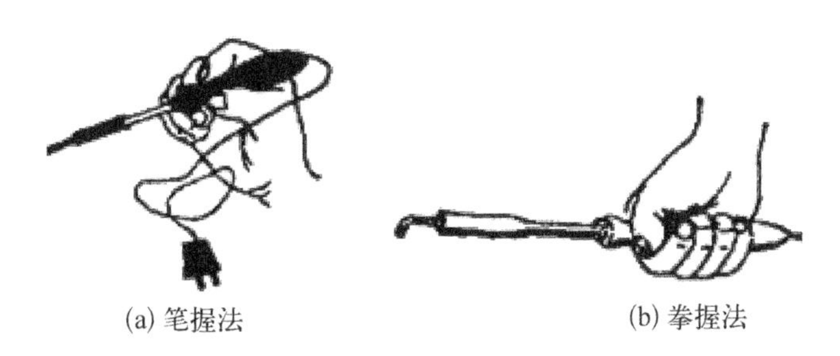

(a) 笔握法　　(b) 拳握法

用电烙铁焊接导线时，必须使用焊料和焊剂。焊料一般为丝状焊锡或纯锡，常见的剂有松香、焊膏等。

对焊接的基本要求是：焊点必须牢固，锡液必须充分渗透，焊点表面光滑有泽，应防止出现“虚焊”“夹生焊”。产生“虚焊”的原因是因为焊件表面未清除干净或焊剂太少，使得焊锡不能充分流动，造成焊件表面挂锡太少，焊件之间未能充分固定；造成“夹生焊”的原因是因为烙铁温度低或焊接时烙铁停留时间太短，焊锡未能充分熔化。

注意事项：

(1) 使用前应检查电源线是否良好，有无被烫伤。

(2) 焊接电子类元件(特别是集成块)时，应采用防漏电等安全措施。

(3) 当焊头因氧化而不“吃锡”时，不可硬烧。

(4) 当焊头上锡较多不便焊接时，不可甩锡，不可敲击。

(5) 焊接较小元件时，时间不宜过长，以免因热损坏元件或绝缘。

(6) 焊接完毕，应拔去电源插头，将电烙铁置于金属支架上，防止烫伤或火灾的发生。

9. *万用表*

数字万用表具有测量精度高，显示直观，功能全，可靠性好，小巧轻便以及便于操作等优点。

1) 面板结构与功能

下图为DT－830型数字万用表的面板，包括LCD液晶显示器，电源开关，量程选择开关，表笔插孔等。

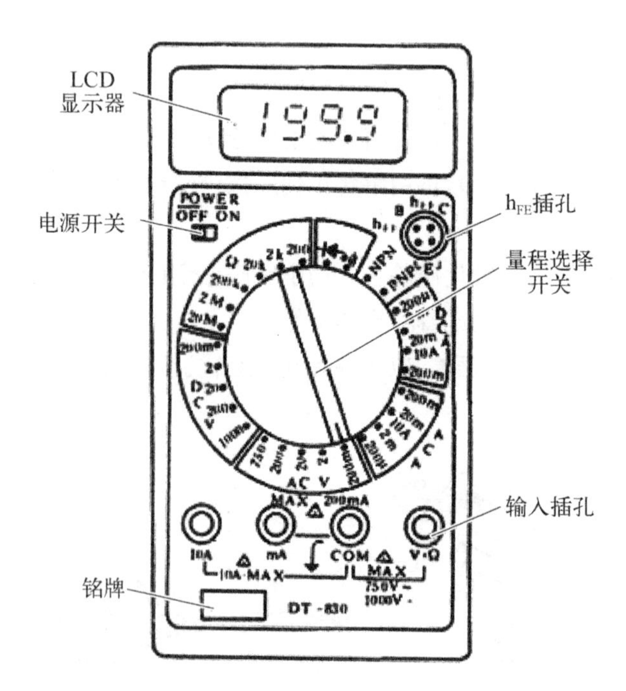

液晶显示器最大显示值为1999，且具有自动显示极性功能。若被测电压或电流的极

性为负，则显示值前将带"－"号；若输入超量程时，显示屏左端出现"1"或"－1"的提示字样。

电源开关(POWER)可根据需要，分别置于"ON"(开)或"OFF"(关)状态。测量完毕，应将其置于"OFF"位置，以免空耗电池。数字万用表的电池盒位于后盖的下方，采用9 V叠层电池。电池盒内还装有熔丝管，起过载保护作用。旋转式量程开关位于面板中央，用以选择测试功能和量程。若用表内蜂鸣器作通断检查时，量程开关应停放在标有")))"符号的位置。

hFE插口用以测量三极管的h_{FE}值时，将其B、C、E极对应插入。

输入插口是万用表通过表笔与被测量连接的部位，设有"COM"、"VΩ"、"mA"、"10 A"四个插口。使用时，黑表笔应置于"COM"插孔，红表笔依被测种类和大小置于"VΩ"、"mA"或"10 A"插孔。在"COM"插孔与其他三个插孔之间分别标有最大(MAX)测量值，如10 A，200 mA，交流750 V，直流1 000 V等。

2) DT-830型数字万用表使用方法

测量交流直流电压(ACV、DCV)时，红、黑表笔分别接"VΩ"与"COM"插孔，旋动量程选择开关至合选位置(200 mV、2 V、20 V、200 V、700 V或1 000 V)，红、黑表笔并接于被测电路(若是直流，注意红表笔接高电位端，否则显示屏左端将显示"－")。此时显示屏显示出被测电压数值，若显示屏只显示最高位"1"，表示溢出，应将量程调高。测量交流直流电流(ACA、DCA)时，红、黑表笔分别接"mA"(大于200 mA时应接"10 A")与"COM"插孔，旋动量程选择开关至合适位置(2 mA、20 mA、200 mA或10 A)，将两表笔串接于被测回路(直流时，注意极性)，显示屏所显示的数值即为被测电流的大小。

测量电阻时，无须调零，将红，黑表笔分别插入"VΩ"与"COM"插孔，旋动量程选择开关至合适位置(200、2 K、200 K、2 M、20 M)，将两笔表跨接在被测电阻两端(不得带电测量)，显示屏所显示数值即为被测电阻的数值。当使用200 MΩ量程进行测量时，先将两表笔短路，若该数不为零，仍属正常，此读数是一个固定的偏移值，实际数值应为显示数值减去该偏移值。

进行二极管和电路通断测试时，红、黑表笔分别插入"VΩ"与"COM"插孔，旋动量程开关至二极管测试位置。正向情况下，显示屏即显示出二极管的正向导通电压，单位为mV(锗管应在200～300 mV之间，硅管应在500～800 mV之间)；反向情况下，显示屏应显示"1"，表明二极管不导通，否则，表明此二极管反向漏电流大。正向状态下，若显示"000"，则表明二极管短路，若显示"1"，则表明断路。在用来测量线路或器件的通断状态时，若检测的阻值小于30 Ω，则表内发出蜂鸣声以表示线路或器件处于导通状态。

进行晶体管测量时，旋动量程选择开关至"h_{FE}"位置(或"NPN"或"PNP")，将被测三极管依NPN型或PNP型将B、C、E极插入相应的插孔中，显示屏所显示的数值即为被测三极管的"h_{FE}"参数。

进行电容测量时，将被测电容插入电容插座，旋动量程选择开关至"CAP"位置，显示屏所示数值即为被测电荷的电荷量。

3）注意事项

(1) 当显示屏出现“LOBAT”或“←”时，表明电池电压不足，应予更换。

(2) 若测量电流时，没有读数，应检查熔丝是否熔断。

(3) 测量完毕，应关上电源；若长期不用，应将电池取出。

(4) 不宜在日光及高温，高湿环境下使用与存放(工作温度为 0～40℃，温度为 80%)。

(5) 使用时应轻拿轻放。

附录四 机械零部件的安装调试注意事项

1. 主轴轴承的安装调试注意事项

（1）单个轴承的安装调试：

装配时尽可能使主轴定位内孔与主轴轴径的偏心量和轴承内圈与滚道的偏心量接近，并使其方向相反，这样可使装配后的偏心量减小。

（2）两个轴承的安装调试：

两支撑的主轴轴承安装时，应使前、后两支撑轴承的偏心量方向相同，并适当选择偏心距的大小。前轴承的精度应比后轴承的精度高一个等级，以使装配后主轴部件的前端定位表面的偏心量最小。在维修机床拆卸主轴轴承时，因原生产厂家已调整好轴承的偏心位置，所以要在拆卸前做好圆周方向位置记号，保证重新装配后轴承与主轴的原相对位置不变，减少对主轴部件的影响。

过盈配合的轴承装配时需采用热装或冷装工艺方法进行安装，不要蛮力敲砸，以免在安装过程中损坏轴承，影响机床性能。

2. 滚珠丝杠螺母副的安装调试注意事项

滚珠丝杠螺母副仅用于承受轴向负荷。径向力、弯矩会使滚珠丝杠副产生附加表面接触应力等不良负荷，从而可能造成丝杠的永久性损坏。因此，安装滚珠丝杠螺母副机床时，应注意：

（1）滚珠螺母应在有效行程内运动，必须在行程两端配置限位，避免螺母越程脱离丝杠轴，使滚珠脱落。

（2）由于滚珠丝杠螺母副传动效率高，不能自锁，在用于垂直方向传动时，如部件重量未加平衡，必须防止传动停止或电机失电后，因部件自重而产生的逆传动，防止逆传动方法可用蜗轮蜗杆传动、电动制动器等。

（3）丝杠的轴线必须和与之配套导轨的轴线平行，机床两端轴承座的中心与螺母座的中心三点必须成一直线。

(4) 滚珠丝杠螺母副安装到机床时,不要将螺母从丝杠轴上卸下来。如必须卸下来时,要使用辅助套,否则装卸时滚珠有可能脱落。

(5) 螺母装入螺母座安装孔时,要避免撞击和偏心。

(6) 为防止切屑进入,磨损滚珠丝杠螺母副,可加装防护装置如折皱保护罩、螺旋钢带保护套等,将丝杠轴完全保护起来。另外,浮尘多时可在丝杠螺母两端增加防尘圈。

3. 直线滚动导轨安装调试注意事项

(1) 安装时轻拿轻放,避免磕碰影响导轨的直线精度。

(2) 不允许将滑块拆离导轨或超过行程又推回去。若因安装困难,需要拆下滑块时,需使用引导轨。

(3) 直线滚动导轨成对使用时,分主、副导轨副,首先安装主导轨副,设置导轨的基准侧面与安装台阶的基准侧面紧密相贴,紧固安装螺栓,然后再以主导轨副为基准,找正安装副导轨副。找正是指两根导轨副的平行度、平面度。最后,依次拧紧滑块的紧固螺栓。

参 考 文 献

[1] 刘永久.数控机床故障诊断与维修技术[M].北京：机械工业出版社，2006.

[2] 广州数控.GSK218 数控系统说明书.广州数控设备有限公司，2006.

[3] 广州数控.980TD－PLC 使用手册.广州数控设备有限公司，2006.

[4] 广州数控.218M 连接参考图.广州数控设备有限公司，2009.

[5] 广州数控.218M 数据处理与参数的设置.广州数控设备有限公司，2006.

[6] 广州数控.GSK218M 安装连接及 PLC 手册第五版.广州数控设备有限公司，2006.

[7] 夏庆观.数控机床故障诊断与维修[M].北京：高等教育出版社，2002.

[8]《数控机床维修技师手册》编委会.数控机床维修技师手册[M].北京：机械工业出版社，2007.